il dono delle persone sensibili

敏感者的天赋

[意] 妮科莱塔·特拉瓦伊尼◎著

陈昱汐◎译

天津出版传媒集团

天津人民出版社

图书在版编目（CIP）数据

敏感者的天赋 /（意）妮科莱塔·特拉瓦伊尼著；
陈昱汐译. -- 天津：天津人民出版社，2020.12
ISBN 978-7-201-16639-1

Ⅰ.①敏… Ⅱ.①妮… ②陈… Ⅲ.①成功心理—通
俗读物 Ⅳ.①B848.4-49

中国版本图书馆CIP数据核字(2020)第219309号

© "Il Castello S.r.l., Milano 73/75-20010 Cornaredo (Milano), Italia

The simplified Chinese translation rights arranged through Rightol Media（本书中文简体版权经由锐拓传媒
取得Email:copyright@rightol.com）
著作权合同登记号 图字：02-2020-270 号

敏感者的天赋
MINGANZHE DE TIANFU

出　　版　天津人民出版社
出 版 人　刘　庆
地　　址　天津市和平区西康路35号康岳大厦
邮政编码　300051
邮购电话　（022）23332469
电子信箱　reader@tjrmcbs.com

责任编辑　佟　鑫
装帧设计　末末美书
版式设计　新视点

印　　刷　天津中印联印务有限公司
经　　销　新华书店
开　　本　880毫米×1230毫米　1/32
印　　张　7
字　　数　160千字
版次印次　2020年12月第1版　2020年12月第1次印刷
定　　价　45.00 元

统一用语

来，我们开始试音！就像在演唱会之前所要做的工作：调试乐器、检查音量、测试麦克风。这一切都是为了让不同的声音达到平衡，使各种乐器在同一环境中融为一体，彼此和谐。那么，在这本书的开头，我想为我将在本书中引用的那些术语统一表达方式。如此，我们才可以保证词能达意，从而畅通无阻地对话。在科学文章、专业课本、网页和博客中，有许多与本书主题相关的表达：

- 敏感性（Sensibilità）
- 高敏感性（Alta sensibilità）
- 过度敏感性（Ipersensibilità）
- 高敏感人群/PAS（Persone altamente sensibili）/PAS
- 过度敏感人群（Persone troppo sensibili）

　　·敏感性格的特质（Tratto di personalità sensibile/Sensitive Trait of Personality）

　　·高度敏感型人格（Highly Sensitive Person）/HSP

　　·敏感人群（Sensitive People）

　　·神经过分敏感（Iperefficienti mentali）

　　·高潜在人群（Persone con alto potenziale）

　　鉴于它们都是一些同义词，因此在本书中我有意只选用了其中的一部分。这是出于简洁性和文学性的考虑，同时也是为了将更多篇幅留给更有深度的内容。

　　当然，谈论起敏感性，我们也并非详尽无遗。

　　提及"过度敏感"的时候，可能会有人反问，"过度"是基于哪种参考标准而言的呢？

　　"高度敏感型人格"这个概念是由美国心理医生兼研究员伊莱恩·阿伦（Elaine Aron）博士提出来的，如今被广泛运用。这个词也不是无中生有的，而是源自另一个概念——"高反应个体"。

　　但我认为将"高度敏感型人格"直译出来显得累赘，而且在本书中频繁地使用专业术语并不合适，同时在写作中总是用像HSP或PAS这样的缩写又会显得非常枯燥。基于我写作的目的之一就是要将这个主题生活化，与现实生活相贴合，所以我选择了"高敏感"一词来表达本书的主题。"高敏感"可能并不是最精确的术语，但却是根据我多年的研究，以及来我诊室里的人对自己所拥有的这项特性的定义而确定的。"高敏感"这个词汇在生活中已经被越来越多的人所熟知，目前我们所要讨论的就是这个特性的核心是什么。

同样地，我们也应该知道如何称呼那些并不具备该特征的人。

就如我们之前所谈论的，将"非高度敏感型人格"直译过来并不合适，甚至将他们称为"绝对不敏感个体"也是不恰当的。

据统计，每五个人中就有一个是"高敏感者"，三个是"一般敏感者"，一个是"非敏感者"。这就代表在五个人中就会有一个人易感性较差，共情能力较弱，也就是在敏感性上存在一定缺陷。

为此，在本书中，当论及那些不具备高敏感特质的人群，我将统一采用术语"正常敏感者"，尽管这听上去不是那么让人愉快。

我当了15年的心理学家和心理治疗师，并作为一个高敏感者生活了40年，我能充分意识到不同阶段的敏感情绪所存在的细微差别。在这里，我将给大家分享专业知识和我这些年来的临床经验，讨论如何认知自己、感知自我，又如何利用自身的敏感去获得幸福。至今，这些能力仍是大多高敏感者所缺乏的。

我们是时候进一步了解高敏感带给我们的积极和消极影响了。我们需要对它承担起全部责任，无论是负担还是荣誉。

高敏感是一种馈赠：这是给自己的礼物，因为正是它的存在让我们变得与众不同；这是给身边人的礼物，因为我们是自身观点、见解、认知能力和情感能力的传递表达者，我们也在影响着周围的人。这种馈赠既体现在爱情、亲情、友情中，也体现在更广泛的社交、工作、团体和组织中。

当然，这是一个意外的馈赠，因为我们没有主动去索取就拥有了它。所以，我们更应该学习如何更好地了解和管理这个天赋，就像对待一件宝物那样。

如果我们自己尚且怀疑高敏感的价值，那么我们也没有理由要求别人尊重我们的敏感。是时候认真学习如何在我们的生活中好好利用它了。为此，我们必须不断地努力。

　　本书将成为高敏感者迈出的第一步，它是一本使用手册、工作簿。不要再想着高敏感者的负面影响了，做一个敏感而快乐的人吧。

给大家讲讲我的故事吧

　　我们对于"敏感"常常有两点偏见，这不仅歪曲了敏感的含义，而且会给高敏感者造成很难修复的伤害：

　　·如果你敏感，你就是弱者。
　　·如果你敏感，你就是怪物。

　　我从小就是一个非常脆弱的人，体弱多病，能敏锐地感受到每一种情绪，很容易被过度的刺激压垮。我讨厌所有剧烈的游戏、竞技体育、冒险活动，不喜欢成群结队，在面对其他孩子的时候会觉得十分疲惫。相较之下，我更喜欢自己独处，或者和一个交心的朋友待在一起阅读或画画。

　　与此同时，我的内心却很强大，并且充满了能量。从幼儿园开始，我就将大部分精力投入到那些复杂而精细的事情中。并且，我会在自己喜欢的朋友面前表现出积极、主动、强大的一面，也会在家庭活动中活跃气氛，我会主动站出来唱歌或背诵诗歌，又或者和我的叔叔一起玩游戏，并吸引所有大人都参与其中。

小学暑假的晚上，父母在收拾餐桌的时候，我会独自坐在花园的台阶上享受黄昏，我迷失于燕子飞行的方向，看它们不断在屋顶之间盘旋，天空中金色的光线开始变成粉色，再到紫色，耳边传来隔壁邻居的喧闹声。在一天的炎热结束后，土地散发着清新的味道，星星开始在深蓝色的夜空中闪烁。那时，我感受到发自内心的真切喜悦，仿佛自己与万物都产生了连接。

从孩提时代开始，我就能精准地表达自己的情感，并且会对事物的深层次意义进行发问。

我常在周日晚上告诉妈妈我很难过，因为我总能敏感地感知到在第二日大家会因各自职责的不同而分别。或者我会对发生过的事情进行潜在情绪解读，比如："那位女士在生你的气……为什么会这样？"我总是从周围大人的神色中读出惊讶、怀疑和害怕，他们似乎在说："这个想法从哪里来的？"或者"现在我应该和她说些什么？"

几次反复下来，对于大人们来说，最简单的回答就是将问题合理化、否定它，或者返抛给你：

· 上学和工作是再平常不过的事情；

· 不，你不应该伤心；

· 只有你能看到这个问题，它是你自己的想法。

因此，多年来我都认为自己要比别人更脆弱，有时甚至会觉得这些情绪太难管理，它们就这样一直与我共存，并且我也一直在做强烈的内心斗争。不过，这也赋予了我敏锐的感知能力，导致我有太多想要表达和输出的东西。在这种情况下，我发展出了两个不同的自我：一个是学会去接受感知的一切并且不随意评价，努力让自己变得强大、高效、有能力，可惜这部分的我有点过于强硬；另一个则是柔软且敏感的，内心非常温暖。两个不同的自我成就了一个独特的我，有点像螃蟹，同时它也是我的星座象征，外表有坚硬的盔甲和钳子，但内里却非常柔软。

即使现在我已经是一个成年人了，仍发现有很多人会把表象和实质混淆，为此，作为一个高敏感者很难不感到遗憾。为了在自我内心和外界之间、在所有自相矛盾的性质之间创造一种平衡、和谐，我在自己身上做了很多工作，不过也正是因为这些矛盾的存在，让我成为了一个敏感的人。

- 我是一个敏感的人，但我也很强大。
- 我内省，但我也很外向。
- 我喜欢孤独，但我也很外向。
- 我谦虚，但我也知道自己的价值。
- 我内敛，但我有时也外放。
- 我细心，但我也坚定。
- 我容易受伤和摔跤，但我每次都有重新站起来的力量。

在生活中，我是一个浪漫主义者，然而心中那些丰富的想象在现实中并不容易实现。我常因不公平而愤怒，每当自己、所爱之人，乃至其他普通人的权益受到侵犯的时候，我都会变成一头暴躁的母狮。即使我帮助了那些正处于痛苦中的人，我也会忍不住哭出来。而且每当我的情绪过于激烈时，不论是正面还是负面的导向，我的身体都会出现不适。

有时候，高敏感会让我的人际交往关系变得更加复杂，但是它对我而言也是一笔非常宝贵的财富。我总是能清晰地感受到所有的情绪和刺激，所以我非常在意"高敏感"这个词语的含义，因为高敏感对于我们的大脑来说就像一粒种子，它们会成长出类似于成熟水果那样的好想法，或者类似于杂草那样的糟糕思想。我们需要去认知它，那些选择和我们在一起的人，也应该学着去了解它。

在高中和大学，没有人说过我是高敏感者，当时我也没有找到过任何解释这个概念的文章。我无法理解自己所有反应的根源，我开始变得盲目、自我感觉糟糕。但是我很肯定，在特定的环境中，与特定的人在一起的时候，我也可以像阳光下的花儿那样绽放，释放出自己无比丰富的内心世界；不过在大多数环境下，和大部分人在一起的时候，这样的自己就消失了，我在精神上切断了和外界的联系，或者只表现出小部分的有时甚至是最糟糕的那部分的自己。

直到我二十六岁时，主修心理治疗学，通过一次参加苏黎世荣格研究所研讨会的契机，我的情况得到了改变。我有幸能和同事一起拜访荣格在博林格湖边的私人住宅。在那里，我被他的住宅深深吸引，房屋与周围最纯净的自然环境完美融合，那是他花费多年亲手搭建起来的，在房子内部，还摆放有他的画作、文学作品和雕塑，直觉让我意识到他可能也是一名高敏感者。

　　由此，我开始了解他关于敏感性的文章和相关研究。直到多年后接触到了阿伦博士，她提出了"高敏感型人格"的概念，才让我对自己有了清晰的认知。

　　后来，在我三十岁的时候，一场突如其来的重病将我击倒，意外又残忍。这是我生命中最困难的时光，也正是这次经历，让我产生了非常明确且强烈的肯定，我过去的敏感——现在亦是如此——是一种强大的力量，而非脆弱的表现。

　　在我和高敏感者一起工作时，每当他们开始意识到自身的高敏感特征，都会将这种终于被人看见、被人认可的感觉讲述给我听，他们还会谈起确定自己是一名高敏感者时，重拾了在这个世界上寻找一种平衡的希望和信心。这与我当初认知到高敏感特征时的反应一模一样。当然，有些时候，我仍然会感觉到被误解，被那些对他人而言无关紧要的事情伤害，或者被周围环境击败。不过这些情况出现的次数越来越少，因为我已经学会了更好地管理和重视这种敏感性。这种脆弱其实让我变得更加通晓人情，能更深刻地与他人共情，当我处于这种状态时，我会感到更加平和。我想说，得益于我的敏感，我学会了全然地爱自己。

　　我将高敏感作为自己的研究方向之一，是因为我想要帮助他人也能和这种性格自然相处，帮助他们感受到归属感和我之前长时间都没有感受过的"正常"。

　　经过我多年来对高敏感的实验和研究，最终有了这本书。我必须很真诚地说："作为一个真正的高敏感者，我本来是打算继续安静地进行关于高度敏感型人格的工作和课题的，正如我从前做的那样，不会太多地展示自己，但我周围关系较亲密的朋友、患者、高敏感者和正常敏感者都鼓励我去完成这本书。"

在写这本书的过程中，我经常被自己过度活跃的精神状态所折磨：每次在完成几小时的写作后，都感觉大脑在不受控地转动，停下来之后，仿佛自己从一个气泡中抽离。然后我会开始运动，和我的狗去散步，和我的亲人待在一起，有时也会去做饭。我喜欢这种可以全身心包括大脑都投入其中的体验，时间会让精力逐渐恢复，并找到平衡。我有时会在半夜被内心的创造性所唤醒：当世界都在休息的时候，它们却像蟋蟀的叫声那样清晰和欢呼雀跃，如果我不起床将其简短地记录下来，那么我将无法再次安睡。

对我而言，通过多年来对自己和来到我工作室的高敏感者的实践，我现在非常荣幸能将在这个课题上所学习、实验、发现和证实到的知识与能力分享出来。

我真心希望我所做的这些工作对他人是有用的，并且能为大家带来帮助。

感谢！

| 目 录 |

你现在应该知道：你并不奇怪，你很特别

重新认知自己

　　现在，让我们调整一个舒适的姿势来听一个童话故事吧，就像我们儿时那样。

　　夏天已经悄然而至；麦田里挥舞着金色的麦穗，刚割下来的干草气味儿充斥着整个田野。

　　在一处隐蔽的地方，鸭妈妈们藏在水塘附近厚厚的灌木丛中，它们开始了新一轮的孵化。

　　终于，蛋壳一个接一个地咔嚓作响，然后从里面冒出了可爱的黄色小鸭子们。

　　"呷！呷！呷！"这些新生命们呼喊着，这个世界多么大，生命多么美好！

　　可鸭妈妈却发现最大的蛋尚未孵化成功，它为此惊讶不已。然后鸭妈妈只得非常失望地对它进行再次孵化。

　　"早上好！怎么样了？"一个上了年纪的母鸭子过来观察了会儿，然后略带好奇地问道：

"最大的这个蛋还没有孵出，你再看看这些出世的小鸭子，不觉得它们太可爱了吗？"

"你让我看看这个蛋，"这个年迈的鸭子回答道，"啊！天哪！它看起来是一个火鸡蛋！我前不久也碰到过同样的事情：我一直误以为它是一只小鸭子，但它一直不愿意下水，我才知道那是只火鸡。这个肯定是火鸡蛋。你放弃吧，你现在尽管去教会其他小鸭子游泳吧！"可鸭妈妈坚定地回答道："噢！再多一天也没有关系的！我还能再坚持一会儿。"

"你真是我所认识的鸭子中最顽固的！"那只老鸭子嘀咕着走远了。

终于，这只最大的蛋裂开了，里面钻出了一只丑丑的、全身都是灰色的小鸭子。

"他会不会长成一只火鸡，"鸭妈妈担忧地说，"我明天就能知道了！"

第二天，鸭妈妈带着鸭宝宝们来到了家附近的河流处，然后跳进了水中，所有小鸭子都跟在它身后跳了进去，包括那只灰色的丑小鸭。

"现在终于可以放心了，"鸭妈妈松了口气，"至少它不是一只火鸡！孩子们过来吧，现在我带你们去认识这个大家族。"

这群小鸭子经过跋涉，终于到达了池塘边，接着和其他鸭子打招呼。

"噢！你们看哪，有新的伙伴！好像我们人数还不够多似的……我们不欢迎那只灰色的小鸭子！"其中一个大鸭子说道，并一口啄在了小可怜的脖子上。

"你们不要伤它！"鸭妈妈愤怒地责备道。

"它太大、太丑了，让人忍不住就想苛待它！"那只大鸭子用讽刺的语气继续奚落道。

"真抱歉，它长得这么难看，而其他鸭宝宝都如此可爱！"那只去看过鸭妈妈孵蛋的老鸭子补充说道。

"它现在不好看，但是它会长大的，会改变的；它的脾气非常好，游泳技术也比它的兄弟们棒。"鸭妈妈肯定地说道。"美貌对于一个男孩来说并不重要。"鸭妈妈总结道，然后用嘴巴爱抚它的孩子，"去吧我的孩子们，尽情地玩耍，好好地享受游泳！"

然而从那天起，小灰鸭开始被院子内所有的动物嘲笑：母鸡和母鸭撞它，而火鸡将自己的羽毛蓬起去吓它。在接下来的日子里，事情变得越来越糟糕：农夫也会踢它，而它的兄弟们也不会错过任何嘲笑和虐待它的机会。

丑小鸭因此变得非常不开心。

终于有一天，它厌倦了周遭的环境，它冲出篱笆逃了出去，停在灌木丛中看到这一幕的小鸟都惊慌地向空中飞去。"一定是因为我长得太丑吓到它们了！"丑小鸭这样想着。然后它继续往前走，走到一群野鸭子居住的沼泽旁时，它已经筋疲力尽了，野鸭子们同意在芦苇中留一席之地给它避难。

到了晚上，沼泽旁来了两只野鹅，它们开始虐待这只不幸的丑小鸭。突然之间，周遭响起了猎枪声……这两只野鹅被击倒在水中！埋伏在周围的猎人开始继续射击，然后猎狗越过芦苇跑了过来……夜幕降临，响动声终于停止。这只丑小鸭抓住机会快速地逃跑。然而天公不作美，暴风雨肆虐，它艰难地穿过田野和草地。

最终在几小时后，它来到一个大门半掩着的农舍。丑小鸭悄悄溜了进去：这里是一个老妇人的住宅，同屋檐下还有一只猫和一只母鸡。当它们注意到丑小鸭时，猫开始喵喵叫，母鸡也发出咯咯哒的声音，动静惊动了视力不太好的老太太，她喊道：

"噢，多大的一只鸭子呀！太棒了，只要它不是一只公鸭，我就有鸭蛋吃了！好的，就让我们来等等看吧！"于是老妇人等了三个星期……但是一个鸭蛋也没有等到，她开始怀疑这到底是不是一只母鸭！

一天，农舍里的猫和鸡开始对丑小鸭发号施令，它们质问它：

"你能下蛋吗？"那只母鸡问道。

"不会……"丑小鸭带着点惊愕地回答道。

"你会献殷勤吗？"那只猫问道。

"不会，我从来没有学过这个！"丑小鸭越来越觉得奇怪。

"那么你就待在这个角落不要随便走动！"它们俩带着恶意地命令道。

突然间，从门外洒进了阳光，吹来了微风。丑小鸭迸发了去游泳的冲动，于是再次逃离了这些令人讨厌的动物。

不知不觉间秋天又到了，树上的叶子变红然后落下。有一天晚上，丑小鸭看到有着长长颈项的美丽的白色鸟类向着温暖的地方飞去。它呆呆地看着它们，为了将它们看得更仔细，丑小鸭在水中就像陀螺那样不停旋转着：它们是天鹅！丑小鸭无比美慕！

寒冷的冬天如期而至，丑小鸭感到冷得刺骨，于是它每日都会来到溪边运动暖身。有一天晚上，为了不让周围的水结冰，它不停地用脚滑水：但随着时间流逝，冰开始慢慢将他包围……直到它用尽力气，被冻得失去了知觉。

第二天，一位农民发现了奄奄一息的丑小鸭，于是便打碎包围它的冰块，并将它带回家，小孩子们将丑小鸭团团围在中间想和它玩。但是这个小可怜非常害怕，于是它先是冲向了牛奶罐里，然后又扑进了面粉桶，最后在农民妻子的追赶下飞了起来。

丑小鸭发现自己的翅膀在拍打时变得更有力量，并且能够支撑它飞过更远的距离。于是丑小鸭开始寻找新的地方，最后在一片布满鲜花的草坪上停留。茂盛的杨柳枝垂落在水中，三只天鹅正在池塘中用优美的姿势游泳。

它认识这些美丽的鸟！

"我要飞向它们，飞向这些高贵的鸟儿！就算它们会把我弄死，因为我是这样丑，居然敢接近他们。不过这没有什么关系！被它们杀死，要比被鸭子咬、被鸡群啄，被农夫踢和在冬天受苦好得多！"丑小鸭不顾一切地向它们游去。

突然，它看到水中的倒影，无比惊喜！无比幸福！它简直不敢相信：自己再也不是那个灰灰的小鸭子了……它变成了一只天鹅：和它们一样！

这三只天鹅向它靠近，并用嘴巴轻轻抚摸着它，用这种方式欢迎它的到来。同时，在池塘边的孩子们也大声歌颂它的美丽和优雅。

它将头藏在翅膀下面，为所受到的赞美和幸运而感到害羞：它曾经在很长一段时间里都是只丑小鸭的形象，而现在它终于得到了赞美和欣赏。

——《丑小鸭》，汉斯·克里斯汀·安徒生

我觉得这个童话故事很好地隐喻了大多数高敏感者最终走向认知自己的道路。如果在最初几年，我们没有那么幸运地得到周遭环境的接纳，也没能正确地认识到那个敏感的自己，那么正如这个故事所揭示的那样，没有任何一种伤害是无用的，这都是我们的必经之路。

与众不同

和什么不同？和谁不同？我们又是根据怎样的既定标准来进行对比的？历史告诉我们绝大多数人的标准就是规则，然而这却是错误的。它迫使我们要变得和他人一样，仅仅因为其他人占了大部分。

从小，我们就没有自我认知的工具：是大人在照顾我们，是他们提供给我们阅读这个世界的钥匙，给予我们去认识这个世界的文字和工具。不过我们需要记住，我们是世界上20%的少数，这足以证明我们是"特别的"。所以，如果我们认为自己很奇怪的话，记住，我们是特别的！

被忽视

没有人看到丑小鸭是谁，大家都只看到它不是谁。这就是被忽视的悲剧：如果你不是我所期待的样子，那么我就看不见你；或者你合我眼缘，那么我就能注意到你，否则你就不存在。这种感觉很熟悉，对吧？

建立虚假的自我

人类是高度社会化的物种，我们需要被认可，找到属于自己的归属感，然后慢慢建立自己的身份认同。但是对于那只丑小鸭来说却非常困难：这又多了，那又少了，这个还不够，那个也差一点。丑小鸭唯一的选择就是摒弃自我，去成为那个他人所期待的自己。

从这时候开始，大家就学会了构建虚假的自我，我们开始为了被接受和被喜欢而戴上面具，因为在成长的过程中我们需要得到认可。但这个过程中所要付出的代价却很高。首先，为了保持这个假面，我们要付出和浪费大量的精力，保证时刻不露出破绽，确保一切完好运行，这样下来，无论是在精神上还是肉体上，我们能留给自己的精力都所剩无几了。并且，这个面具会黏附在我们的皮肤上，最终渗进我们的身体，变成自我身份认同的一部分，导致我们会开始相信自己原本就是这样的，反而忘记了本来的样子。因此，回到最初的道路就会变得更加困难。

流浪

就像丑小鸭一样，我们也一直在不同的地方流浪、寻找，希望有人可以告诉我们自己是谁，希望能够找到一处能让自己归于平静的地方。我会变得内向吗？我会是一个早熟的孩子吗？或许我可以借由身体上的原因为自己开脱吗？在喜马拉雅山上的集中训练帮助我发现了真实的自己。在这之后我就决定加入这个团队，或者类似的团队。某种程度上来说，如果想要使人筋疲力尽，只需要为他贴上一个标签即可，包括任何特征，甚至一个病理学的标签：我很沮丧，我非常焦虑，我有点神经质……

马斯洛的需求层次理论将人类需求从低到高按层次分为五种，分别是：生理需求（食物、水、睡眠……）、安全需求（人身安全、财产所有权、健康保障……）、社交需求（归属感、友情、爱情……）、尊重需求（威望、尊重……）和自我实现需求（道德、创造力、公正度……）。其中，社交需求排在了第三的位置，仅仅次于生理需求和安全需求，并且排在尊重需求和自我实现需求的前面。这意味着如果我不知道我是谁，不知道我从哪来，那么几乎不可能去建立属于自己的幸福。

抑郁和被孤立

这些都是敏感所带来的直接后果。丑小鸭认为自己很丑并且有诸多不足，于是开始隐藏自己，开始逃离，开始躲避别人的眼光，开始喜欢孤独。可这样又迎来了内心世界的寒冬和灵魂上的冬眠。然而，不管是丑小鸭还是我们每一个人，都应该学会独自去面对问题，相信时间的力量，事情都会慢慢取得进展。事实上，也正是在这样孤立的环境中才能诞生出一种新的力量：丑小鸭的翅膀变得强壮有力，然后展翅高飞。

本能推动

和丑小鸭一样，我们内心也本能地渴望真相，这种本能推动着我们去前行、去尝试、去找寻。我们不应该遗忘这种直觉上和心理上的能力，当我们觉得前方没有道路的时候，就应该依靠它来指引自己。

找到灵魂的安身之处

正如丑小鸭从水中的倒影中认识到真正的自己一样，我们高敏感者也需要认知自己和自己的同类。于是我们开始重建自己的身份认知，同时也让自己换一个角度来思考过去所发生的全部经历。在这个过程中，我们找寻那些自己愿意与之建立亲密关系的人，一起去创造第二个家庭——不仅是血缘上的，更是灵魂上的家庭。

自在

意识到自己的高敏感性是天生且健康的，这能让我们感到自在。因为这样的自我认知能够创造出更强大的内心，我们可以在任何环境中都坦然处之，并意识到自身的可能性，以及在什么时候需要自我保护。

幸福和完整

《丑小鸭》结尾的那句话："它曾经在很长一段时间里都是只丑小鸭的形象，而现在它终于得到了赞美和欣赏。"其实很有意思。丑小鸭感到幸福并不是被仰慕，而是看到了那个真实的自己，并最终变得完整。这才是让我们幸福的关键，被赏识、被赞扬对我们而言也意味着能够做真实的自己。当然，大多数人仍然渴望得到支持和欣赏——这是我们童年时期难以得到的——但是在成年之后，应该意识到我们具备所有的工具、能力和自由让自己成为更好的人，让我们不再依赖他人，仍然可以创造价值和爱。

所有——非常——总是：高敏感者的格言

"所有，非常，总是……"我认为这种表达很好地体现了高敏感者的行为方式。

所有

我们感受每一件事物，处理所有细节，考虑不同选择，感知众多情绪，并且和自己谈话，同时还能与他人产生共情，我们能注意到什么是明确表露出来的，而什么是隐晦的，我们处理所有词汇含义以及那些非言语的语言。

非常

任何刺激在高敏感者身上都会得到最大功率的转化。每一种气味、声音或者情绪，无论它们是否令人愉悦，我们都会对其进行大量且复杂的处理。

总是

我们一直处于活跃状态，只能暗示自己该休息了（但晚上我们的内心世界仍然在工作），直到我们因为这种无止境的运转而逐渐崩溃。伊莱恩（Elaine）和亚瑟·阿伦（Arthur Aron）在研究中用缩略词DOES描述了这些现象：

·深度处理（Depth of processing）：更深入的信息加工。

·过度兴奋（Overarousability）：容易受到过度刺激并进行超负荷运转。

·情感强度，同理心（Emotional Intensity，Empathy）：对于所处环境产生更多的回应，以及共情。

·对细微刺激的敏感（Sensitivity to subtle stimuli）：能够感知到隐藏在环境和关系中难以察觉且隐晦的细节。

　　调整这种运作形式，吸取其优点并转化抵消掉缺点，是高敏感者获得幸福的关键之一，也是本书将要着重讲述的内容。

一个"高能耗"的世界

　　在此我非常感谢一位高度敏感型人格患者在治疗中所使用的这种表达方式。"高能耗"是我们从物理学中借用的术语，意思是：消耗大量的能量，或转换大量的能量。

　　我们这种高敏感者经常会感觉身处高耗能环境中，需要付出大量的精力，甚至包括体能上的。与高耗能相对应的是**精力的复原**：先是能量的耗竭，然后充电进行精力的恢复。**对于我们而言这是一个不断循环的过程**，并且在这两个阶段之间的界限也难以确定，哪怕在一个最开始充满欢乐和情绪高涨的环境中，如果我们不好好管理界限，那么就很容易被吸走所有能量，并迅速感到沮丧和精疲力竭。这种情况可能发生在工作环境中、人际关系中，也可能在运动中：任意东西在不经意间都可能变成"吸血鬼"，致使我们不堪重负。哪怕是"正常敏感者"也会被责任和压力所压垮，但不同之处在于，**高敏感者的疼痛耐受力较弱，当我们所感受到的疼痛达到忍耐的极限时，就可能会面临崩溃，并且需要更多的时间来恢复。**

高敏感者的关键词："太"

　　·你太敏感！

　　·你太情绪化！

　　·你太害羞！

·你太在意！

这些句子曾不止一次地出现在我们身上，总有一个是我们听过无数次的。"你太……"的句式中可以添加很多形容词，我们被这些词贴上了标签，甚至自己也总是会无意识地提及。

·这里人太多。
·这里太吵。
·这件事情发生在我身上太多次。
·做真实的自己真的太棒。
·我太累了。
·还有太多糟糕的事情在等着。

让我们来留意一下这些日常用语，我们用了多少次？在哪些场合？

"太多"意味着我们超出了极限，当然通常只代表我们自己的感受。

包括我们忍受刺激的限度、我们集中注意力的限度、我们感到疲劳的限度。

当我们说太多话的时候意味着不能好好地倾听自己的声音，因此难免会忽略我们身体所发出的信号，它提醒我们在某个特定的时间或环境下，自身的能量正在趋于耗尽。

"太多的"可能是我们的社交关系、待完成的工作或者想要做的事情，所以当一天结束的时候，我们会觉得疲惫不堪，心情非常糟糕，甚至没有缘由地悲伤，哪怕一切都在朝着正确的方向发展。而之所以会这样，是因为我们越过了高敏感的界限，没有保护好自己，或者没有为自己预留出足够的减压和充电时间。

"在结束了一段紧张的日程后，我意识到如果能哭出来，哪怕是无缘故的，我都会感觉好很多。当我之前没有认识到自己是高敏感者的时候，我的状态非常糟糕：每天晚上回家后，莫名其妙地落泪，感觉自己就像装满水的水库必须要清空一样。我一度觉得这样很愚蠢，甚至我的丈夫看到我这样都会非常紧张，完全不理解，他不断地丢给我问题，但是我没有回答，我只是想大哭和放空自己。之后，随着时间的推移，我学会了认知自己，成为越来越好的自己。现在，我会在无法承受压力时提前做好准备，并且不再为此担忧。甚至我的丈夫也意识到了：我会要求他让我自己单独待一会儿，并向他保证现在一切都很好，或者我会让他静静地抱着我，这样就足够了。后来我觉得这样非常好，好像是一种清空、净化自己的方式。"

不过有时候我们又会与初衷背道而驰：过多地保护自己！我们太孤单，太沉浸于自己的想法中，总是待在家，过于孤立。

于是**我们陷入相反的极端**：因为我们神经系统的敏感性，我们承受刺激的能力较弱，所以时常有陷入厌倦的风险，或者更坏的情况——陷入抑郁。现在我们应该学习了解自己的极限。

我们要避免极端的行为

太多和太少。我喜将这称之为**"钟摆效应"**：钟摆不断地左右摆动，如果加上一个外力，那么其摆动幅度和速度就会增加，甚至会开始毫无规律地疯狂运转。在这里，这个现象能很好地隐喻我们的高敏感。我们应该进行训练，将自己的敏感控制在中间区域，避免走向极端，在刺激和复原之间缓和、协调地摆动，并且循序渐进地从一个阶段走向另一个阶段。

应该如何做呢？你们将会在本书中得到一些建议，但最根本的还是需要你们不断地亲身体验，去实践、去犯错，甚至冒一点风险来检验自己，找到适合自己的方法。

因为每个高敏感者都是一个世界，他们都需要为自己找到核心。

很好，但是太多了

即使是好的东西也会让我们感到不堪重负。这是正常敏感者所不能感受到的，但如果我们想获得良好的状态，就需要尽早地接受这个事实。

在商场逛一下午、在游乐园里玩一天、在圣诞节和多人进行家庭午餐、邀请朋友到家一起做饭、参加派对……这些活动体验对于大多数人来说都是愉快且有趣的，但对于高敏感者而言，这些容易变成压力的源头。如果有人邀请你晚上先喝开胃酒，然后再吃饭，紧接着去跳舞，那么你很有可能接到消息后就无心再做其他任何事，从下午开始你就陷入焦虑，并且内心产生一种奇怪的情绪，你祈祷所有的活动都被取消，这样就不用去参加了。我知道这个想法出现过无数次……

不过这样的态度是错误的：剥夺自己的社交生活，就好比是剥夺自己最必要的养分，我们清楚地知道，从长远来看这无疑是将自己封闭起来，然后深信——实际上是错觉——我们是"怪人"，没有人理解我们，一切也都不会好起来。

同样的，如果我们没有做足充分的准备，不尊重自己的界限，在这种情况下去参加所有活动也不是一个好办法。

所有预先产生的不安感才是我们的最佳盟友。它是一个教练，我们要去听取：对内在不协调的感知是高敏感者获取幸福的首要工具。它可能具象化为焦虑或者不安，就像肚子里飞舞着蝴蝶；或者是身体和精神上的紧张，如在出发前突感疲惫，甚至是头疼或突如其来的身体不适。

这些都是身体在向你发出信号，它告知你自身所存在的**危险区**。这也正是你能有意识地直面它的最好机会：扩宽你的敏感边界并使自己更强大。我们将在本书的第三部分具体讲到这一方面。

过于"内在"

关于高敏感型人格的诸多假设之一，高敏感者在社会中能扮演一个发展性的角色，哪怕处于少数，他们却具备能提升社会关系质量的特征，比如特有的同理心、亲社会行为、拒绝冲突、创造力、对关系的维护、深度反思、解决问题时的发散性思维。

高敏感者具有丰富的内心世界，他们能对很多事物产生思考，能找到事物更深层次的含义，能找到替代和更全面的解决方法。然而，这些情况如果不加以克制的话，就会变成一把双刃剑，带来诸多风险：

· 我们希望其他人的思维方式和做事方法与我们一样，但是每5个人中只有1个高敏感者，所以事情往往并不如愿，留给我们的难免只有失望。

·在不必要的时候，我们也会进行冗长而深入的谈话，并且高估话语、解释、思想、被理解的重要性。

·我们总是努力对事情进行轻描淡写的描述，从而失去了游戏感和快乐。

·有时候我们躲在自己的内心世界中，忘记了外面那个充满各种可能性的世界。

现在一起来练习吧！

便利贴

在便签上做好笔记，并且粘贴在你平日里经常看到的地方，如浴室的镜子上、汽车的仪表盘上、书桌上、家门上……并写下一些简短并且有意义的句子：

·深呼吸。

·放轻松。

·感觉如何？

·今天要照顾好自己。

·今天要更多地顾全自己。

·闭上眼睛，集中注意。

当你处于压力之中时，就拿出这些你愿意听到的话。将便利贴做为一种提醒方式，每当眼睛捕捉到这些信息的时候，在大脑中就会自动产生意识。

转化"所有——非常——总是"这句格言

我们在日常生活中，总是无意识地实践着这句话，现在我们试着将它具象化。

在面对不同的情况时，我们先停下来想一想，或者拿出一张纸，在上面写上"所有——非常——总是"，然后结合当时的实际情况。问问自己：

我想要什么？我能做什么？我能为之付出多少？我需要多少时间？

举例

思想压力：我周末还有好多的事情要做，并且我不想放弃其中任何一个（所有——非常——总是）。

问：我想要什么？我能做什么？能为之付出多少？需要多少时间？

答：我会去做那些真正对自己来说重要的事情，尊重自身极限，并且要在今日之内完成。

高敏感的大脑如何思考

高敏感思维在两个极端之间来回摆动：由于外部环境过度刺激所导致的**神经系统过度兴奋**（over-arousal）；由于刺激不足未达到感觉阈限而处于**低兴奋状态**（under-arousal）。

心理学中的兴奋（arousal）是指适度地刺激感觉阈限，在这个范围内，我们不仅能够感知到刺激，还能激活自身系统。举个例子，声音只有在超过一定强度（即达到arousal）的时候，我们才能听到，但每个人的阈限值肯定都是不一样的。

高敏感者的神经系统总是处于过度兴奋状态。对于大多数人而言，无论是天生还是后天养成的习惯，他们在面对刺激的时候，基本都可以选择出当下真正重要的东西。

然而高敏感者的大脑则不会做出选择，相反，还会同时处理所接收到的全部刺激，代价就是浪费掉过多的能量，大脑也会快速进入过度活跃的状态。举个例子，当我坐在沙发上看书的时候，听到有人在隔壁房间内交谈，并且还掺杂着背景音乐，那么对于一个正常敏感者来说，他们或多或少能够很轻松地就隔绝外界的干扰，并专注在阅读上。

但高敏感者就完全做不到如此，我们会一遍遍重复阅读同一个句子，因为此时我们还听着隔壁房间的谈话（听的同时就意味着对话语进行处理），并且还感受着背景音乐的存在。

高敏感者的注意力不会区分优先级，在这种情况下，它会分散到所有的刺激上面。

同样，如果我们敏感的注意力没有持续被有趣且快速的刺激吸引，或者感受到的刺激超过了兴奋阈限，那么我们会很容易陷入厌烦和急躁的状态。因为我们的大脑习惯对所有的信息进行深度处理（depth of processing）。

接下来我们将会列出高敏感者的主要特征：

·对于同一件事情，我们的反应可能会更强烈，因为高敏感者会对感知到的信息进行不同角度且更加全面的深度处理。或许也正因如此，我们的神经系统才会常常处于"沸腾"的状态，同时处理大量刺激，以至于自身反应模式更加强烈、活跃并且感情丰富。

·当我们切换模式的时候会有一定风险：从所有到没有，从过度活跃到完全空白。而我们是否能拥有高敏感的幸福，则要取决于自身管理这种心理变化的能力。我将在本书第三部分给出一些建议。

·在其他生物物种中，也发现了高敏感性的存在，因此可知高敏感性是一种共通的基础生物学特征。

·研究证明世界上有20%的人属于高敏感者，不过这个比例与实际可能有细微的出入。

·男性高敏感型人格和女性高敏感型人格所占比例相同。这种特征之所以看上去明显偏向女性化，或许是因为在男性群体中，敏感性和一定程度的内心柔软是不被认可的，或者是受到压抑的。但女性则能允许它们的存在，所以也更加能表现出这种特征；而男性则偏向于将其隐藏，并刻意忽略它们的存在。

·一些研究表明高敏感者更喜欢观察和分析，而非立刻行动（"先观察，再行动"）。从我多年的临床经验来看，这其实是我们在面对全新、强烈或者高压的刺激时，采取的一种自主策略。不过，我们其实是高反应者，倾向于做出"快速反应"，无论是好的（快速的思维和言语、冲刺动作、预先准备等），还是糟糕的。我发现当我们处于大型社交场合中时，会选择更加内省和审慎的方式，因为此时我们认为社交判断是很重要的，会保持一定的疏离感，或者情绪参与度较低。然而除此之外，还存在第二种模式，即在熟悉的环境中、亲密的关系中、更有参与感的场合中、大量投入或损失的时候、我们的生活模式受到威胁或者不被尊重的时候，我们则会表现出更加活跃，甚至是"爆炸"的状态。

·即使我们是某个领域的专家，但如果感觉到自己正在被观察或者被评估，那么会表现得相对糟糕；相反，如果我们处于一个独立的环境中，则更容易交出完美的答卷。

·我们的感官容易受到过度刺激，也时常感到超负荷（声音、光线、气味、身体感觉）。

·混乱或者充满刺激的环境中，我们会感觉到压抑甚至失控。

·我们从多个角度对信息进行深度处理，并且能注意到所有细节。

·我们更能允许大脑内存在不同乃至完全背道而驰的想法，这些想法不遵从普遍的逻辑，并且不断连接出新的观点和概念。

·我们惯于内省，喜欢对所有事物进行钻研，并追求更深层次的意义，而这恰恰是因为我们的思维更像是一幅流程图，当我们在面对每个节点的众多选择时，就会进行评估和深度了解。

·我们在一个环境中能快速感知到情绪氛围，包括所有潜在的和隐晦的紧张或冲突。

·我们拥有很强的同理心，知道如何解码非言语类的语言，并且能准确领会理解其含义。

·我们很容易兴奋，也时常激动。

·应对变化会让我们感到疲劳，这也是压力的来源。

·从小我们就觉得自己和其他人不一样：这当然不会让我们变得自大，完全相反，会觉得自己与周遭格格不入，甚至感觉自己好像缺失了部分功能。

·我们无法忍受所有的肤浅和陈词滥调。

·我们对于生活中的物质形式没有过多兴趣（所拥有的东西、形象、成功、金钱、权力……），我们更加关注那些抽象、深刻、哲学以及精神层面的东西。

·我们很难去设定界限、去说"不"、去保护边界。

·我们害怕面对冲突。

·我们对自己有很高的期待，是完美主义者。

·我们有丰富的想象力，也有强烈的梦想，并且经常会想到它们。

·我们非常细心，对事件的意义和因果关系有着深刻的认识。

·我们更有责任感。

·我们不害怕孤单，相反，我们喜欢并且追寻孤单（即使在大多数情况下并非有意而为之）。

·我们偏爱自然环境，在那里可以感受到和大自然的深度连接，这也是我们一种本能的需求。

·所有精神物质和个人成长都对我们有着天生的吸引力。

·我们有一种艺术偏好，在所有可能的形式上存在无限创造力。

·我们对于不公正的行为有着极高的敏感，可以为了真相和公平而斗争，甚至做出牺牲。

注意力和一心多用

涉及人类的大脑一心多用的研究，并非只有高敏感型人格。有关注意力的研究表明人类并不能同时处理所有外界刺激，不过注意力是有选择性的，它会筛选出更值得被关注的信息。有关注意力的神经生理学研究指出，如果我们需要处理多种刺激，那么注意力并非是从一件事情转移到另一件事情上，而是会进行划分，即分配到不同的刺激上。这被称为"鸡尾酒会效应"：注意力主要集中在一件事情上，然而另外的小部分注意力则同时处理其他刺激。一心多用正是如此，为了同时处理多种刺激或任务，注意力必须进行分散或者割裂。

关键在于，这不仅会导致表现和结果的弱化，还会引起诸多问题。

早在2009年，斯坦福大学就已经证实人类的大脑不能同时处理过多的信息，因此如果我们每次只处理一个刺激，会更有生产力。不仅如此，一心多用还会降低我们的效能，因为我们从一种行为到另一种行为的转化会更慢，并且不能在无关紧要的信息中区分出哪种是更重要的。

我喜欢用一个比喻来解释这个概念：注意力，即处理信息的特定功能，我们可以将它看作一束光，其所照幅度越宽，那么其照亮的东西也就越多，但光线却很微弱；不过如果将其集成一束极小的光线，那么其强度则会变得很大，类似于激光射线，是一束可以切割金属的射线。

我们还可以换一种说法。注意力其实就像肌肉那样，可以通过一次次的训练不断增强。

目前有一些关于集中注意力的技巧和正念疗法，特别是MBSR（正念减压课程，Mindfulness Based Stress Reduction，一种通过意识来减压的方法），我们的注意力在压力之下会减弱，在日常生活中还很容易被分散，所以要通过一些训练和技巧，来让它每次只集中在一个刺激上。

最后，无论是从行为表现层面还是神经影像技术层面，所得到的结果都是令人惊喜且不可预测的。

首先，如果习惯了一心多用，那么我们自身的大脑结构就会发生改变。萨塞克斯大学在一项研究中，观察了人们在同时运用多种电子设备（电脑、手机、电视）时的大脑核磁共振图。结果发现习惯性一心多用会导致大脑前扣带回皮层的密度较低，而这部分主要负责同理心、认知和情绪控制等功能。

实际上，如果无意识中过度使用多种电子设备，不仅会分散自身注意力、降低效率，还会在情感和人际关系方面变得更为迟钝。最后还有值得关注的一点就是一心多用会影响到IQ，即智商。

伦敦大学的一项研究证实，人们如果在认知过程中一心多用，则会出现智商的下滑，最终可能就和那些使用麻醉品或者那些一夜未眠的人情况类似。结果表明，在参与实验的所有成年男性中，智商平均下降了大约15%，即仅相当于一个8岁的孩子！但这看上去只是暂时的，直到现在仍没有实验能充分证明长期的一心多用会对智商产生持续性影响。

那么对于高敏感者呢?

高敏感者的大脑似乎更倾向于同时处理多种刺激。因此高敏感者和注意力不集中者时常会被混淆，并被误诊为注意缺陷障碍症。事实上，在没有受到过度刺激、没有达到过度兴奋状态时，高敏感者并不会表现出注意力不集中的特征。

正如之前所说，高敏感者的大脑有先天的神经生理学模式，能自然地倾向于同时并深度地处理多种信息，只要在一定数量和强度范围内，这个模式就能够正常运行。

因此，为了找到该模式的舒适区和我们的幸福区，在这里需要再次强调认知这种特征的重要性，学会无论在低刺激还是过度刺激的情况下，都能进行自我权衡。

多向思维

一种思维源于另外一种思维，然后它又继续进行衍生，从而长出不同的分支，就类似于植物的树干部分所出现的众多枝干。这便是所谓的多向思维，它也被《高敏感人群的潜能》的作者布提可南（Petitcollin）博士所提及，她认为这是高敏感者的典型特征。

这种思维模式会考虑到多项选择，并且会对每个选择进行深度研究，然后再筛选排除，找到可替换且有差异化的解决方法。鉴于此，它被称为多向思维，即并不是以单一的线性方式或者简单的因果关系来考虑问题，而是全方位的、非常有创造性的并且与普通理论完全

"背道而驰"的思维模式。

这种思维模式甚至可以和烟火媲美：只需要一个小小的导火索——有趣的刺激——我们的大脑就可以在短短几秒之内绽放出一个璀璨的思维世界。这种思维模式对于解决问题，以及寻找到启发性和创造性的答案非常有用，这也是高敏感者所带来的价值之一。

当然，多向思维也有一定的局限性：

· 需要消耗大量的体力和脑力（记住，大脑以糖分为食）。
· 如果没有节制，那么就有可能会偏离目标，迷失方向。

因此，当我们意识到思想正在"蔓延"的时候，应该先停下来问问自己：我的目标是什么？想要取得的结果是什么？如果答案是正向的，那么就可以将这些发散性思维以流程图或者树状图的形式记录下来，创造真正属于自己的思维导图，这样能帮助我们有效地利用这种特别且复杂的能力。

扎针者

"在我考试结束之后，遇见了一位大学同学，她告诉我她将去国外进行为期六个月的实习。一方面，我是打从心底里为她高兴，但在内心深处，却还有另外一个想法冒出来，一个非常自我毁灭式的想法——觉得自己很糟糕，这个声音一直在叫嚣着，我甚至还觉得它说得非常有道理。对我而言，这就类似于扎针者的存在，就好像在中学时代，为了故意和你作对，而拿圆规来刺你背的人。我的朋友让我觉得遥不可及，我感觉我和她之间相差了光年的距离。我做不到类似的事情，也无法应付如此大的变化。

当我感觉糟糕，当我焦虑发作的时候，总是他——扎针者，就像一个黑色幽灵，不断地在我眼前晃悠，并且还对我说：为什么你没有成功？为什么你有这样的反应？你怎么会把自己弄得如此疲惫？你看看其他人多棒！就像那句老生常谈的话说得：你是一个和时间赛跑的人，还是一个游手好闲的人？你是不是过得太舒服了？"

这个女孩拥有很强的表述能力，所以在整个会诊过程中我们的交流非常顺利。扎针者就是将无意识形象化，它在我们的内心世界以不同的形式存在，让我们与他人进行比较，也让我们感觉到不适。对于高敏感者来说，这甚至还是一个笑里藏刀的形象，因为在我们的成长过程中，总是伴随着"要像其他人那样""和其他人感觉相同"这些字眼，对于大部分人来说，我们总是在不断地与他人进行比较。

扎针者就像是一名法官，对自己没有任何的同理心，会不断地把我们和那些优秀卓越的人进行比较。这虽然是高敏感者的一部分特征，但我们并不想如此，可它总是会出现，然后将我们击败。**问题就在于我们和他人的比较，并且尝试变得和他人一样**。我们用了一个完全不属于自己的性格标尺来进行自我评估。

扎针者有几个功能失调的习惯：

· 不断用内心独白的形式说话。

· 对比，比较，判断。

· 它的目的就是让我们和其他人一样，而不是成为真正的自我。

- 完美主义者，强迫症。
- 悲观主义者。
- 低估自己。
- 抑制情绪，评判感觉。

长期压抑自身所体会到的感觉和主观存在的情绪时，这种风险是加倍的：越是抑制，它们就越有爆发性，管理起来就会越困难，我们也就无法找到更适合的解决策略。

认知到你的扎针者，或者你可以按照自己的方式给它命名，意识到它一直存在于我们的内心，学会去抑制它的过度增长，并把它看成帮助我们成长的工具。

内向或外向？让我们来澄清一下

"在很长的一段时间内，我都觉得自己不正常，因为在一些我朋友很喜欢的活动中，我只能单纯地感觉到厌烦。多年来，我都羞于说出自己更喜欢在家独处，和我的猫，和一本好书，和音乐，和一杯凉茶或者红酒做伴……每次我都会在电话中找借口，虽然看不到朋友此刻的表情，不过他们肯定在想'真是个弱者'。

现在，我认知了自身敏感性，并加以管理，有一个我爱的未婚夫，一份喜欢的工作，不过我仍然会在几个小时的独处后感到非常充实、平静，并且能够得到内在的满足。最重要的是，我不再为此而羞愧，也不会再觉得自己缺乏社交或者没有那么爱男朋友。反而，我觉得这样的状态非常好。"

　　多年来，大家总是会将高敏感者和内向害羞的人进行错误的重叠，这便造成了一种巨大的困扰。

　　荣格很好地定义了这种区别：内向只是一种了解事实的方法，他们接触某样事物时，更倾向于从观察、深入处理数据、分析细节、连接现实情景和过去类似经历等角度入手。而外向的人则相反，他们更喜欢采取直接的联系，并且通过立刻行动来对事实进行解码。

　　阿伦博士证实，高敏感型人格中有30%属于外向型性格，并再次强调，高敏感性和内向性格虽然有所联系，但并不是一回事。

　　阿伦的研究显示，如果高敏感者有一个较为艰难的童年，又或者因为自身的敏感性而被忽视或者被虐待，那么他们更有可能会变得害羞或者内向，但这并不是一个绝对的规律，更多还是取决于高敏感者的恢复能力，以及其是否能够在成年之后建立起一个相对舒适和有价值的环境。

　　因此，对于高敏感者来说，相较于讨论内向和害羞，我们更愿意谈谈内省倾向，这是只在一些高敏感者身上才有所体现的特征。根据我当治疗师的经验，我完全可以确认这一点。对于高敏感者来说，找到平衡就意味着可以顺畅地从自省状态转换到社交状态，从内向转换到外向，而且这个过程不会超过自身限度。

　　随着神经影像技术的运用，目前神经科学领域的研究已经变得更加详尽，研究中包括内向性格和外向性格的区别，其中就涉及正常敏感者身上的共同特征。

　　从神经影像技术上看，内向性格和外向性格最主要的区别在于**多巴胺和乙酰胆碱**这两种神经递质。这两种物质在内向和外向者身上所存在的水平是一样的，真正的区别在于反应性和奖励机制。

外向者的多巴胺系统更容易被激活（拥挤的环境、社交场合、征服欲等），而内向者的乙酰胆碱系统更容易被激活。但无论你是内向者还是外向者，都会去追求喜悦和幸福，不是吗？不同之处就是，乙酰胆碱让高敏感者在内省的时候感觉良好，培养其深度思考以及长时间集中在一件事情上的能力，使其倾向于安静的环境，或者喜欢独自待在家中，沉浸于书籍或者电影的世界。

最后还有一个值得探讨的问题，就是那些**追求刺激者**，这中间存在一定的争议。有一些高敏感者其实也是追求高刺激的人群（high sensation seekers），但是追求刺激和高敏感是两个完全独立的存在。

追求刺激者对于空虚和无聊的容忍度较低，哪怕他们拥有高敏感者身上的所有特征，当刺激阈限过度降低的时候，追求刺激者会更容易冲动，并且会为了填补这种不满足感，不断地去寻找新鲜事物来对自己进行刺激。

不过，**追求高刺激的敏感者**基本不会做出冲动的行为，因为高敏感者的一个基本特征，就是谨慎，他们对自身行为后果有着极高的意识。

现在一起来练习吧！

▼

第一个练习

根据章节"区分形势、思想、感觉和情感"中提到的技巧进行练习。

STOP练习

使用正念疗法时，这个简单的练习可以让我们停止思想上的恶性循环，并且恢复当下意识，帮助重新平衡基本生理功能（呼吸、心跳）。对重新集中注意力、控制分心和深度思考都很有帮助。

STOP是由以利沙·戈德斯坦（Elisha Goldstein）博士提出来的方法。

S——Stop 停止：停下来，停止你正在做的所有事情。

T——Take a breath 呼吸：至少做一分钟的深呼吸。

O——Observe 察觉：观察自己内心是否有产生情绪、感觉、思想。

P——Proceed 继续：根据你所观察到的事物，让自己有意识地控制自己每次只做一件事情。

每天进行多次练习，还可以在书桌上、汽车仪表盘上、家门上等处贴上带STOP标识的彩色便签，用以辅助自己。

在这四个提问中找答案

这四个问题是由培训师教练拜伦·凯蒂（Byron Katie）和她从事心理分析学的丈夫斯蒂芬·米切尔（Stephen Mitchell）在实践中提出的，他们还创建了一种叫作"功课"的方法。

这是一种非常简单直观的自我检测方法，在其他工具的辅助之下，它就像一张大脑地图，能对我们起到有效的帮助作用，让我们能更好地管理深思倾向或者避免在思维中迷失。尽管这个方法和我的治疗方法有所不同，但有时我仍然会将它运用在自己和患者身上，其效果的即时性真的非常令人惊叹。

举个例子，先确定正在困扰你的问题，比如，我的女朋友（名字）根本不听我说话。然后这个想法在你脑中逐渐变成一种肯定，并不断地扎根强化。

"功课"包含了四个问题和一个反转。你先将它写在一张纸上，然后代入下面四个问题：

·是真的吗？

·你能够确定这是真的吗？

·当你对这个想法深信不疑的时候，你会做出什么反应，又会发生什么？

·如果摒弃这个想法，你会是怎样的？

这看上去很简单，但在面对这种简单性问题的时候，我们的大脑更应该注意自我防卫。

如果想要更多地了解这项练习，你可以找一些有帮助的书籍和网站。不过要记住，这些建议都只是一种工具，它们不是绝对的，而且在必要的时候是无法代替一位专业的心理治疗师的。

识别（并描绘）你的扎针者

为你内心的暴徒和自我贬低人格找到一个名字和一幅画面吧。你可以描绘出它，或者找到一幅能够让你产生相关联想的画作。然后将其印刻在脑海中进行识别。

一旦产生了画面，列举出全部扎针者在折磨你的时候反复出现的下意识话语。不要苛责自己，也不要一笔带过。辨别出4到10个经常出现的句子，然后将它们以连环画的形式写在图像周围。最后将完成的画挂在一个你喜欢的地方，时不时地去看看。

将内心自我贬低的部分体现出来，这个做法会帮助你更好地进行区分，并与之保持必要的距离。随着时间的流逝，你可能就会想修改其中一些或者全部的句子，或者用更加全面和有价值的词语来进行替代；也可能会创造出另外一种性格，能将自我刺激和赞赏进行互补；或者就只是简单地想要"弱化"扎针者的存在。

注意：我们这么做的目的不是要删除、清理或者摧毁扎针者。因为这部分是天生的，并且具备心理防御功能，但在时间的作用下，它会变得过于坚硬。不过只要扎针者的存在能提供建设性的帮助，而且不具有攻击性，那么它就是健康的，能激励我们做到更好，或者让我们注意到自己的错误。

高敏感的身体感觉如何

我们极度容易被感觉所影响。包括外在感觉，如视觉、听觉、嗅觉、味觉和动觉（接触甚至包括体温、压力、摩擦）等，还有内在感觉，我们也将之称为本体感受，如胃和腹部的异样、内在器官的精细活动、呼吸、心跳以及来自身体的所有感受，包括疼痛感。

"高峰时间的地铁是我的噩梦。铁轨发出的尖锐声响，就像地铁从我脑中经过一般，如果我不捂住耳朵的话，就会沿着后背开始打哆嗦。在车厢里面，人山人海，我甚至感觉他人的衣服布料和我的手黏在了一起，充斥着各种气味、噪音，此外人们还拿着手机大声交谈，就算我不想，但是也不得不注意到每一件事情。我曾经一度以为自己是害怕坐公共交通……热气，声音，不愿意和他人有肢体接触。不过我现在知道自己是高敏感者，更加地了解了这些反应背后的意义，并不是因为惊慌，而只是因为环境过于嘈杂让我感觉到了压抑和无措。"

这些都取决于我们对事物的特定感知方式，阿伦将之称为SPS（Sensory Processing Sensitivity，**感觉处理敏感性**）。这是什么呢？简而言之，它并不意味着我们拥有更多或者更有"能力"的感官接收器，其重点在于我们大脑内部对感官信息所做的**认知处理**。**注意力**便是感知刺激的基本要素，它以不同的模式进行工作。声音可以被我们的耳朵（感觉器官）听见，但如果不注意，那么在大脑层面就不会对其中所含的信息进行处理，也就是说我们也感知不到它。听见不同于听从，看见不同于留意，以此类推。我们可以这样来理解：

感觉+注意力=感知

（除了感觉和注意力之外，还有其他因素：经历。我们会在下文进行了解）

这个公式适用于所有人。

不过，对于高敏感者来说，注意力在潜意识中更加强烈，那么感知到的结果也会随之改变，即对于相同的刺激，高敏感者会感知到更多信息：

感觉+注意力^n=高敏感的感知

我们也可以这样来了解：

1+2=3（常规感知）

$1+2^2=1+4=5$（高敏感感知）

我们很难去过滤掉声音上的刺激，就像例子中的这位男士：

"从小开始，我就好像拥有堪比动物的听觉，甚至能听到很微弱的声音，但我却会因有些人根本感知不到的噪声而分心。比如某些电器处于待机状态时，会发出类似嗡嗡、唑唑的声音，即便它们在关机状态，我似乎也能感觉到电流的存在。还有，我不能将开着的收音机、闹钟放在床边，因为它们的嗡嗡声会影响到我的睡眠，所以我必须把它们放在离床很远的地方。"

除了上述所言，我们对于其他环境和场景，肯定还会有更多、更全面的感知，包括视觉、听觉、嗅觉、触觉以及更多动觉，这些都是由身体和特定物体或者材质的接触以及近体学（人与人之间距离的远近）构成，正如发生在这个年轻女孩身上的情况：

治疗师（在工作室门口迎接她）：早上好！

高敏感者：早上好，医生！嗯……（在进来之前）您挪动了沙发的位置……

治疗师：是的，我做了小小的变动。您坐下来感受一下。

高敏感者（坐下，做了几次深呼吸，稍微闭上眼睛，然后睁开）：嗯……很奇怪……

治疗师：是的，不一样了。你喜欢吗？

高敏感者：喜欢，这很棒，但需要点时间来习惯……

治疗师：当然。花点时间来调整自己到舒服的状态吧。

高敏感者（再次闭上眼睛，身体在沙发上进行一些姿势的移动和调整，然后环顾四周）：医生，甚至再次看您，都感觉不一样了，因为您身后的背景也发生了改变，从我现在的角度，可以看到一些新的东西，以及一面和之前不同的墙……

治疗师：是的。你现在可以做任何想做的事，只要能帮助你重新集中注意力。

高敏感者（在一阵安静之后）：好的，可以了！

我们还注意到，高敏感者的注意力是可以进行叠加的，可以到三倍甚至更多，当然，举例这些数字只是为了让大家有更加客观地了解。关于对注意力处理的量化问题，目前还没有专门的研究，但可以确定的是，每个人的反应时间是不同的，面对同一个刺激，高敏感者会停留更长的时间，他们同时还会处理多个不同的刺激，并且进行深度思考，将注意力更多地集中在细节上。那些容易被正常敏感者所忽略的细节，无论是听觉、嗅觉还是视觉上的，往往能够被高敏感者所感知识别，高敏感者甚至会为其感到困扰。

管理和聚焦注意力是高敏感者需学习的首要任务，因为它能让我们学会正确的引导注意力，就像一束光那样，在同一时间只照亮优先级。我们要能控制注意力，而不是被控制。针对这个问题，我会在本书第三部分进行详细讲解，同时也会提供一些技巧和训练，这些都是我多年来从自己以及患者身上所实践过且被证实有帮助的练习。

经历所扮演的角色

除了之前说到的，我们在这里还需要再强调另一个组成感知的元素：

感觉+注意力+经历=感知

我们对一个刺激——某种感觉、情感、经历、环境或者某个人——的感知方式，基于曾经对类似刺激所做出的回应，而面对一个全新的刺激时，我们的感知方式则取决于自己对这个世界的认知以及对于现实的理解。举个例子，如果我小时候对狗有不好的回忆，并且非常害怕它们，那么在之后的岁月中，只要我看到了狗，哪怕它是世界上最可爱的一只小狗，我也会下意识地去躲避，并且会自主产生一种紧张和害怕的情绪。

因此如果我发现某个经历或者环境会让自己不愉快，便是因为在过去曾发生过类似的事情，并且其过程或者结局不是很好，于是我就会用一种消极的眼光来预期接下来的事情，但是这种思维模式本身就会在无意识中把事情往不好的方向引导。

作为一个高敏感者，我可能会因为某次聚会上的无所适从，而拒绝往后类似的场合。我也会因为在和上司的某次交流中读到了对方脸上的不认同，而抗拒之后的每一次沟通，因为只要想到这些，我就会感到异常的焦虑。我们可以将这种现象称为**自证预言**：我们在脑海中做出了最坏的打算，接着它不可避免地发生了，但这背后其实是因为个体将所有的行为意识聚焦在了消极的方面，哪怕是最微小的细节，都在我们脑海中进行了演练。

类似情况也经常发生在你的生活中，对吧？通常来说，虽然这种无意识的自主行为能够对未来可能发生的挫败进行防御，但同时又具有一定的局限性，因为这会导致我们无法再对新的体验放下偏见并满怀期待，也不能再找到全新的策略，同时还失去了更多的可能性，且无法再验证事情是否有可能朝着完全不同的方向发展。简而言之，这会阻碍自身成长！

杏仁核的功能

杏仁核是大脑内非常小的一个组成部分，它主要负责情绪尤其是恐惧情绪的产生。杏仁核呈椭圆状，或多或少地在大脑中占主导地位，我们对于情绪的识别也要归功于它，杏仁核将刺激传递至下丘脑来激活交感神经系统、三叉神经中枢、面部神经中枢，以及许多其他神经系统结构。

来自感觉器官的信号通过丘脑传递至杏仁核，然后次要信息传递至新皮层。这种分流方式使杏仁核能在新皮层之前做出回应。在这种模式之下，杏仁核能够分析每种经验，透析环境和所有感知。

当受到危险刺激的时候，杏仁核就像一个神经触发器，向大脑内所有主要部位发送紧急信号；刺激激素（肾上腺素、多巴胺、去甲肾上腺素）释放，调节运动中枢，激活心血管系统、肌肉和肠道，引起身体做出战斗或者逃跑的反应。同时会在记忆中优先搜寻过往的经历，调动每一种在恐惧环境中的有用信息，然后和各种感官（听觉，视觉等）相关联的前额叶皮层一起开始接收并整合来自其他皮层的信息。

激活前额叶皮层能帮助我们理解当下的情感氛围，帮助我们对刺激投入的精力进行评估，并且通过分析，选择出适当的行为方式。然而，在紧张的环境中，前额叶皮层处于"关闭"状态：感官系统所接收到的信息，直接传递至运动皮质层，导致头脑的"冲动"。

当我们处于压力中时，前额叶皮层是不会被激活的，从某种意上说，这也算是大自然的精心设计，因为这种机制能够帮助人类更好地存活。如果在原始社会中面对凶猛野兽时还要过度思考的话，那肯定就必死无疑了。同时，对于攻击或者逃跑的选择，是人类和动物共通的生理学构造。当我们处于警觉状态时，血液会从前额区流至杏仁核，杏仁核受到过度刺激，引起心率和血压上升，然后各种压力激素释放至全身。通过这种方式，我们就能在危机时刻快速做出回应，选择战斗或者逃跑。

但其实还有第三种选择：冻结。当系统超过阈限，不能够再通过逃跑或者反击来回应时，就会出现冻结现象。这是一种自我保护的行为，这点在动物身上也有所体现。

一些神经影像学的研究证明，长期处于紧张和压力的状态下时，杏仁核会变得肥大，即因为过度的刺激而肿胀增长。但是人类的身体非常奇妙，只要这些情绪消失，杏仁核就会恢复自然状态。

有些学者还提出过一个假设，他们认为，一些被认为是"**局促不安**"的行为，其实都可以追溯到**杏仁核的过度敏感**，也就是说杏仁核处于过度活跃的状态，从而造成了身体的持续性的警觉和害怕，同时还导致血液中不断释放出压力激素——皮质醇。长远来看，皮质醇有可能会引起神经和身体上的疾病，并且对免疫系统造成损伤。

研究表明，由于高敏感者的杏仁核活跃水平要高于平均值，所以我们的感官处理系统也会更加敏感，由此可以进一步合理假设：作为高敏感族群，其实我们一直处于压力阈限的临界点。哪怕是在我们状态不错的时候，只要出现了任何过多的刺激，甚至是一般敏感者都难以察觉的刺激，于我们而言，都可能是压垮骆驼的最后一根稻草，并由此进入不堪重负的状态。

了解这一点，就是改变事情和预防发生这种结果的良好先决条件。

早期的"生存"选择

我们现在想象一个高敏感的孩子，他用尽全力，去感知自己感官所接收到的信息，他拥有足够的注意力和好奇心但缺少相关经验，并且这个孩子也没有能够管理这些能力的认知工具。

在高敏感者的成长过程中，家庭类型是关键性的因素，它决定了我们未来决策的成功与否：一个充满鼓励和支持的幸福童年，能帮助孩子成长为一个容易满足的大人，有自尊心，并能在外向和内向性格之间保持良好的平衡；然而如果一个孩子度过了一个被忽视且缺乏鼓励的童年，其自身敏感得不到认同和重视或者出现更糟的情况，那么这个孩子很可能会变得内向、缺乏一定的应变能力，甚至变得脆弱，更容易发展成抑郁的性格。

不过要记住，在任何时候，哪怕是成年之后，如果有必要的话，我们都可以通过心理治疗的手段**进行自我修复**：不要只是一味地哭泣和惋惜，也不要袖手旁观！因此，我们现在重新把话题带回到高敏感的孩子身上吧。

如果一个孩子能拥有适当的工具，能对感觉进行了解和认知，而且他们的感知也能被接纳和重视，那么他们会拥有一个相对更加完整的童年。他们会变得能够倾听自己，能够正确地对待他人，不否定、拒绝或者影射他人，同时还能精准分析周围的环境，并意识到高敏感性其实是一种正确且可信赖的工具。

相反，如果孩子的感觉一直被周围环境低估、被最小化甚至被否定，或者他们过早地意识到没有条件来表达自己的感觉，那么这个高敏感的孩子将会面临抉择的十字路口：选择相信自己和自己的感觉；或者对自己丧失信心，决定去适应周遭的环境，决定为了被接受、被爱，变成大人所希望的样子。其实这没有什么可羞耻的，甚至无法避免，我们中的大多数人都会选择第二条路，因为人类从小就渴望被接受、被爱，这是我们的本能，也是一种基本需求。

正是在儿时的这种**无意识选择**，即一种与自己达成的承诺或者协议，决定了未来我们和身体之间的关系。

一般来说有两种选择。

第一种选择，尝试**切断和身体的连接**，麻痹那些具有侵略性和威胁性的情绪。这在短期内可能是个不错的策略，但长远来看却是需要付出代价的：我们将大脑和身体分割成两部分，同时也会产生一种与生命分离的感觉。

我们躲在自己的大脑之中，感受着所有的思想、想象以及幻觉，并沉浸其中。而此时身体对我们而言，就只保留了其工具性（身体的应用）和功能性（吃饭、工作、睡觉……）。只要我们选择了这种方式，就意味着切断了与身体的联系，并忽视了身体是我们最重要的伙伴这个事实，同时也意味着我们将更加机械化地来面对这个世界。虽然保护了自己免受痛苦的侵袭，但同时也拒绝了幸福的机会。

"我在医院和住院的奶奶待了整个下午。我人在那里，但却又感觉不到自己的存在：脑子有点晕眩，耳朵在嗡嗡作响，这种感觉非常奇怪。当我走出医院的时候，情绪甚至更加糟糕：就好像灵魂出窍一样……我知道这种感觉很难形容……回家一开门，母亲就问我：'怎么样了？'接着我便忍不住爆发般地哭了出来……强烈的抽泣声使我喘不过气……然后我花了一个小时才让自己冷静下来……我不知道自己为什么会这样，我不懂为什么情绪来得如此突然……"

如这个案例所示，如果选择切断大脑和身体的连接，那么当身体需要和我们交流的时候，就必须发出强烈的信号，或者出现更糟糕的情况，身体会出现焦虑危机，甚至被各种真实的生理疼痛侵袭。当我们为自己设下重重防御壁垒时，身体所产生的情绪和感觉只有通过这种方式才能"联系"到我们。

此外，还有另一种选择，就是尽可能地**躲在身体内部**，但这就会将自己陷入各种微小的感官和情绪信号中。在这种情况下，我们能和身体产生联系，但这却是一种失调的联系。我脑海中出现了这样一幅画面，在坚固城堡的塔顶上，站了一个非常焦虑的人，他不断地探测着城墙内外，想要验证是否一切正常，或者是否有微小细节出了差错。

"你甚至能感觉到指甲在增长……"

当某件事情发生或者某件事情经常性发生的时候，我们就会被卷入到这种感觉中，与自己的情绪和思维连接，并冒着被它们淹没的危险。之所以这样，是因为我们想要掌控一切，但最后只会感到精疲力竭。因为这完全是不切实际的想法，我们所能掌控的终究只有很小一部分，除非真的把自己关在孤零零的堡垒中。

孤立和自我专注，这就是第二种选择的风险。

"为了避免在工作中分心，我都尽量把自己关在一个相对封闭的环境中。起初这个方法是管用的，但是再后来，我就开始察觉到每个细微的感觉……眼睛的疲劳、微弱的喘息、越来越强烈的心跳，接着还会变得焦虑不安、呼吸急促，如果在这个时候工作室的电话又响起来，那么情况只会更加糟糕……"

在研究中，我们还发现了关于高敏感者的另一个特征，那就是**对痛苦有更强的感知**。在这里我会根据自己的经验，来为大家做出更详尽的解释。

我们拥有相对更低的痛苦阈限吗？还是说痛苦对我们来说，就只是众多情绪中的一种，所以我们在面对它的时候并不会选择逃避，不会试图分散自己的注意力，也不会否定或忽略它；相反我们会站在那里感受它的存在，并尝试从中学习了解到什么？当然，也可能这两方面的原因都有。

然而，在痛苦面前，我们应该学会设置一定的界限，尽量将其控制在我们所能应对的范围内，也就是说，有能力用一种建设性的方法来面对风险。我认识一些高敏感者——当然我也是其中之一——他们都有着极端的经历，无论是在精神上还是在身体上，比如慢性疾病或绝症，即便其中有些人还很年轻，却已经历过绝望和意外。他们承受了很多，无论是选择放声大哭，还是将情绪藏在心底，他们都有一个共通之处，那就是这些优秀和有思想的人，总是能从各种绝境中走出来。因为他们自身的敏感性，能够让他们从这段经历中得以学习和成长。

我认为这也是一种可以进行充分开发利用的宝贵能量。

身心干扰

根据我的临床经验，高敏感者在健康方面也拥有高反应。一些研究证明，我们易受到周围环境（参考章节"高敏感者的情绪"）的影响。PNEI（精神神经内分泌免疫学）是我会在患者身上所采用的方法，它能够检测出思想和情感、激素和免疫系统之间的联系：这是一种微妙而复杂的平衡，正如乐团为了给观众带来良好的视听盛宴，而必须保证每个环节之间的完美协调一样。

在和高敏感者的接触过程中，我观察到他们几乎都会受到身心的干扰。并且在面对不舒服的情绪时，身体会本能地选择将其躯体化，并通过疼痛、炎症、敏感或疾病的形式呈现出来。为什么会这么做呢？有两种原因。

第一种原因，从我们系统的生物编程来说，原始设定应该是和谐且健康的：所以疾病可以看作是系统尝试通过重置、清除或者洗牌这些极端的方式，来寻求新的平衡。

第二种原因，身体上出现的干扰，其实是我们在无意识地表达自身情感的不适，因为除此以外，我们也无法找到一种更进化、更有效的解决方法，这些不能通过语言文字和适当行为表达出来的情绪，最终却要身体来为此买单。

"尽管我在担任经理职位二十年的时间里时常会在年终会议上发言，但每次公开演讲的前一天晚上，我的身体依然会出现轻微发烧的现象。"

"每当知道要和那些人一起出去的时候，我都会头疼。"

"在大学的时候，每次在考试前几天，我都会跑很多次洗手间。"

轻微炎症（轻度发烧，急性且短暂的疼痛），发作迅速，但是恢复地也快，当它们不是器官性疾病的症状的时候，就表示着免疫系统亮起了红灯：就好比现在我们面对一些具有挑战性的事情，需要做足充分的打算（要像一个经理那样去思考），然后自身的所有系统都会进入警戒状态，做好攻击和战斗的准备，并从生物化学和激素的层面进行一系列的激活程序。

肠道是我们的第二大脑，能够对刺激性情绪迅速做出反应。敏感的结肠（剧烈发作，单独或者和便秘交替发作）、克罗恩病（一种炎症性肠病）、溃疡性结肠炎，这些都是具有身心因素的病症。肠道管理着内疚感、害怕、伤心、厌恶、社会焦虑以及一系列不被社会所接受的"肮脏"意识。而且我们很难区分出哪些是应该留下来的，而哪些又是应该被摒弃、被替代的。

情绪甚至还会刺激到**胃**。当我们生气的时候，胃也会停止工作。如果感到沮丧，那么我们会觉得饥饿或者完全没有胃口。胃在我们身体中所扮演的角色，就是将复杂精细的食物转化成简单的物质，从而更方便自身去消化，不过在思想、环境和关系的多重影响下，我们的胃就很难去执行本职工作了。

胃炎、胃食管反流、溃疡以及过量的盐酸（用于消化的物质，也是我们身体内最具有腐蚀性和毒性的物质），这些病症的出现，就是在警示我们自身消耗了过多且剧烈的能量。而之所以发生这些反应，可能是出于害怕，也可能是无法从外界寻找到一种健康的干预方式来满足自身需求，但是我们却忽略了这种行为是与自身相违背的，是自我毁灭式的。

"我相信我的母亲也是一位高敏感者，多年以来，为了与之抗衡，她不得不以冷漠来包裹自己。她的父母为她选择了一份她所厌恶的工作，并且一干就是35年，而且还需要和很多陌生人打交道。之后，她患上了长达30年的胃溃疡病性穿孔，并且一直在服用药物。不过就在退休后，她将精力全都放在了照顾花园和孙子身上，神奇的事情也随之发生，溃疡消失了，她自己康复了！当时的所有人，包括我在内全感觉难以置信，不过后来便明白过来……因为母亲在年轻的时候，并没有意识到自己是高敏感型人格，更别提去发挥利用自身的敏感性了，于是为此受了很多苦，因此我不想犯和她同样的错误。"

甚至我们的**皮肤**也时常会受到身心的干扰。皮肤就像是一个黑板，我们在上面写下了自身无法表达的东西。特应性皮炎、荨麻疹、红斑、过敏、白癜风、牛皮癣、皮脂囊肿以及痤疮等，这些大多都是慢性疾病，且无法辨别出病症来源。

但是，这也或许是因为我们找错了方向。在我的临床经验中，看到很多人在学习了一些技巧后，病症都得以好转（我将在本书第三部分对此进行具体阐述）。因此我相信，这些方法能帮助我们降低兴奋阈限，并恢复植物神经平衡。

"我之前一直有个困扰：当家人以外的人和我说话的时候，我会脸红。从小女孩的时候开始，每遇到这种情况，我的脸就会像被火烧一样通红，并且越是想控制就越红。后来不知道从什么时候开始，或许是某个时刻，或许是经历了一个缓慢的过程后，这个现象逐渐减弱并消失了。但只是从脸上消失。因为在谈话中，别人会告诉我，我的喉咙甚至从脖子到胸口的位置都出现了红色斑点。因此当我预期到会面临类似情况且无法避免的时候，我都会选择穿上带领的衬衫或毛衣，至少可以遮盖一点这种尴尬……"

我们所生活和工作的环境，还影响着我们的**呼吸器官**。不仅仅是指空气中的湿度或者温度，还包括情绪氛围。因此，鼻炎、感冒、喉咙痛、咳嗽、气管炎、咽喉炎、失声、哮喘等症状都在提醒我们所处关系中的氛围可能出现了问题，这关系到我们是否从中感觉到了独立和自由，或者是否在面对一些压力和期待时感觉到了窒息。

头痛和偏头痛经常让我们觉得如坐针毡，却又无可奈何，这些症状迫使我们停止思考，甚至整个大脑都被疼痛感所占据，导致我们不得不放下手上的事情。

心脏循环系统是我们的另一面镜子，它与情绪世界一样可靠，将症结和冲突以躯体化的形式表现出来。心病学学者们一直在研究抑郁和心脏病之间的联系，并且已经证实A型人格（好强、追求完美、缺乏耐心）和血管堵塞之间的关联。但是在症状相对较轻的情况下，如不规则的心跳、期外收缩、心动过速、心搏缓慢时所传递给我们的信息，就是我们内部节奏和外部环境之间出现了不协调。动脉压对情绪和焦虑同样敏感，如果出现突然波动，那就预示着在面对未知和激烈的情绪时，身体正在尝试与之抗衡，我们想要控制它（高血压），或者向现实顺从屈服（低血压）。

骨骼和肌肉系统出现的疼痛、疲劳、挛缩、各种炎症或者腿部的僵直，其实都是在阻止我们过度地活动，身体通过疼痛来表达自己，告诉我们应该用一种更为柔和的方式来照顾好自己。

最近几年，**自身免疫疾病**的发病率正在不断攀升，这其实是一种免疫系统紊乱的表现，它无法识别出自身抗原，无法从需要攻击的敌人（病毒、细菌）中区分出盟友，反而会攻击到自身，并产生针对某些器官和组织的抗体。

每一个器官都有属于自己的表达方式，因此每次在会诊时，我都会花很多时间来研究患者的身体表征，去识别它们所发出来的信号。因为每个人所生活的环境和背景有所不同，所以个体之间也存在差异，由此来看，哪怕不同个体出现了同样的病症，其根源也是不一样的。结合多年的经验，我意识到身体是想通过病症来传递给我们一些信息，并且达到某种目的。然而，在这里所谈论的目的，并不是由个体去主观明确选择出来的，而是关于一种**次要的、无意识的利益**，它需要我们从病症或者身体遭遇中获取，是为了满足某种我们没有表达出来的需求（因为我们自身也根本没有意识到这点），或者是为了满足某种未曾妥协的欲望。然而无论是在哪种情况下，我们都让身体承担起了这个责任，并让它去找到一种可替换的解决方法，然后通过一种指向性的身体语言表达出来。

"当我因为压力而变得精疲力竭时，可怕的偏头痛就会爆发出来，紧接着我就会开始崩溃……我将自己整晚关在房间里面，待在一片黑暗和寂静之中。我停止了当下的一切活动，晚餐、交流……其他人或许会对我评头论足，但就这样吧。"

如案例中所示，对这种次要利益的需求，可能是通过非言语的形式表达出来的，仅仅是通过身体上的不适，或者是一场疾病，让我们意识到最好不要去做某件事情，并且应该立刻停下手中的工作。解码这些语言，不要去否定自己，认识到自己所拥有的权力，甚至必要的话，我们还可以寻求心理医生的帮助，只有用对了方法，才能消除病症，减轻身体上的痛苦，同时还能解决"罪魁祸首"的情绪问题，重新掌握属于自己的充实生活。

─────────　**现在一起来练习吧！**　─────────

▼

如果你发现自己有上述任何一项表征，那么可以使用一些身心自我调查的方式来训练自己去发掘身体的语言。不过，如果这些方法对你没有帮助，或者在这之后仍然反复出现这些表征，那么我还是建议你从医学的角度入手，或者在一位精神神经内分泌免疫学（PNEI）和神经身体精神疗法专家的帮助下，进行这次自我调查和练习。

身心自我调查

· 不要问自己为什么，而要问自己现在到底是怎么回事，找到身体症状和当下所处紧张环境的相关联系。

· 是不是在几天之前，身体就发出了信号，但是却被我忽视了？也许从那个时候起，身体就在警示我已经接近极限状态了。

· 那个让我崩溃的、压垮骆驼的最后一根稻草是什么？

·这个干扰阻碍了我接下来的什么安排？尝试找到其中的因果关系。

·相反，这个干扰又对我产生了怎样的激励和促进？

·我希望从这些不适中获得什么？去深入思考这个问题，去找到那些之前没有意识到的心理益处。这个过程可能需要注意力、休息、自省，稍微回到孩童时期的状态，认可自己的努力，从工作中、社交中、各类活动中解放自己……

·我的丈夫/妻子/父母/子女/老板/朋友等是什么反应？我什么时候变成这样的？

·如果我能从这种症状中解放出来，那么我会是什么样的？（如果能从这种疼痛中解放出来，你能做些什么？）

·出现这种不舒适时，我会有怎样的内心画面？

·在这种情况下，我所感觉到的情绪是什么？

·如果这些正在进行躯体化的身体部位（胃/心脏/肚子/颈椎/背部/头部/皮肤……）能够说话，它们又想告诉我些什么呢？

写给自己身体的一封信

花点时间，给自己的身体写一封意愿信。根据你对自己身体健康的了解和照顾，写下五个你想要保持的良好习惯。并且时常检查并修改这份清单，它会随着你照顾自己的能力的改变而改变。

·我保证……

·我打算……

·我答应自己的身体……

·……

我希望这些问题和练习能出现在你的日常生活中，无论你是全部使用还是选择其一都可以，不过要注意，如果身体出现不适就应该立刻停止：第一，因为身体的状态始终处于当下，是动态的，所以我们每次得到的答案可能都不一样；第二，伴随着你练习次数的增多，你会更加了解自己的身体，那么过程就会更加简单，答案也就更加精确，慢慢地你就会越来越信任、依赖这种奇妙而充满智慧的身体语言。

同理心和界限

同理心：高敏感者的苦恼和快乐

在所有提及高敏感者的文章中，都强调了他们拥有极强的同理心，能理解他人的情绪、预测他人的需求、阅读他人非言语的语言，因此，在不同的环境中，在和别人的沟通交流中，高敏感者总能快速读懂其中的情绪氛围。

同理心通常被定义为一种能设身处地为他人考虑的换位思考能力。这也可以说是一种简化的理解。进一步地，我们可以将它同共鸣和不相容进行对比理解。

· 同理心是："我能感觉并知晓你的感受、想法和行为，但并不等同于我也有同样的感觉，或者想要做出同样的行为"。

· 共鸣是："我和你有同样的想法行为，并且我想做的事情和你一样"。

· 不相容是："我感觉得到你的想法和情绪，但是我想做的事情与你相反"。

因此，我们认为同理心其实就是对所有情感的假设，无论是共鸣还是不相容都是如此。但是当共情作为一种绝妙的关系能力时，这完全又是另外一回事，并且绝非易事。同理心更多的还是和情商相关，而且不能用衡量智商的IQ来计算。人们也从哲学和社会学角度谈论起同理心，并时常把这种能力与其他科学范围内的能力混淆。我在工作中，更倾向于以扎实的科学研究为基础来对它进行分析。最近我进行了一些关于共情的研究，研究发现当受试者观察他人的情感感受时，二者大脑中所激活的区域是相同的。简单来说：当看到谁哭的时候，我会跟着一起哭；当看到谁因为受到不公而愤怒的时候，我会跟着一起愤怒；当看到小孩笑的时候，我会跟着一起笑。

意大利神经科学家贾科莫·里佐拉蒂（Giacomo Rizzolatti）发现了**镜像神经元**的存在，这也是主要负责共情能力的神经细胞。通过功能性磁共振成像（FMRI，Functional Magnetic Resonance Imaging）和神经影像学，证明了我们大脑中存在一种特定的用于管理这种现象的神经细胞：镜像神经元。无论是针对直观感受（我亲历了某种情绪），还是间接感受（我看到他人正在历经这种情绪），它都处于同样的激活状态。

"只需一个轻轻上挑的眉毛，一个难以被人察觉的鬼脸，我就能从中理解到很多东西。甚至动作发出者可能都没有意识到自己所传递出来的信息，而我却能尽收眼底，且了然于心。"

这种神经系统使我们只需要通过观察，就可以学习并理解到其他人的行为和感受。里佐拉蒂的研究表明，镜像神经元是社交智慧和共情的基础。但它远不止如此，这种镜像神经元机制还或多或少地决定着共情能力的强弱，而共情似乎也要以神经生理学为基础。

相较于平均水平来说，高敏感者的大脑区域更加活跃，那么我们可以假设他们镜像神经元的工作也处于一个更高的水平吗？

不过这只是一个假设，继续进行深入研究应该会更有趣。当然，根据里佐拉蒂的说法，缺乏同理心，是因为这种镜像机制没有进行充分地激活，但如果个体过分专注于自身，那么这种机制就会出现故障，在心理学语言中，我们将这种现象定义为"自恋"。实验证明，人们的基因编程中都拥有共情的功能，能够理解他人的情绪，找到个体之间的共通性，但是这种能力在部分人身上会有更加明显的表现。

哪些人拥有更强的同理心？或许正是高敏感者。因此高敏感者需要学习管理这种能力，进而使同理心成为可供利用的能量，而非双刃剑。

"毫无疑问，拥有同理心是一件好事……但是能感知所有却不是好事！"

共情能力越强，压力越大

那些能和他人高度共情的人，必然学会承受更大的压力，他们更容易感到悲伤和沮丧。

一项最新的研究表明，虽然能理解他人的情绪和感受是一种天赋，但伴随而来的可能还有更多的压力。

结合之前的研究，可以证实情商也存在着消极的一面：2002年公布的结论中指出，情绪上更加敏感的人，也更容易感到精疲力竭和焦虑。要想确切地了解情商和压力之间的关系，仍需要更进一步的研究，但是作为高敏感者，我们知道这中间存在着一定的事实基础。

我们消耗了很多精力去理解他人，去分析行为中的因果关系，去预测处境中潜在的风险，去反思我们的行为后果。但是却经常会忘记，和其他系统一样，我们自身所拥有的能量其实也是有限的。大家每天都记得给手机充电，因为知道电池会消耗殆尽。那么为什么会忘记给自己充电呢？同理，如果我们要注意到情绪氛围中的每一个微弱存在，自然而然，留给其他事物的精力就微乎其微了，一天结束后肯定是会精疲力竭的。

不同形式的同理心

在心理学上分为：

- **认知同理心**，了解他人观点或精神状态的能力。
- **情感同理心**，能够共享他人情绪状态，并在自己内心"激活"同样的心情。
- **躯体同理心**，关心情绪正在遭受痛苦之人，并采取行动来抚慰他们的不适。

这三种共情能力的区别非常大，也是分别由不同的神经回路管理的。

如果更多人拥有第一种共情能力（我能够想象你的感觉），那么相对的，拥有第二种（我能将你的感觉融入自身，感你所感）以及第三种（我能知道和感觉你的痛苦，而且还会付出行动来缓解你的痛苦）的人就会减少。

我们可以把这个问题进行修辞化理解。

"在城市里，或者公共交通上，我每每看到正在索求施舍的流浪汉，都会为此感到震惊……或者我会选择逃避不去看，选择闭上眼睛……或者尽我所能去给予帮助，因为我能感受到他们身体上所遭受的痛苦。"

同理心和痛苦

最近的一些研究证实，同理心和疼痛感是由同样的神经回路来进行控制的。

简单来说，就是当看到他人受苦的时候，我们会从第一视角来感受他的遭遇。对他人痛苦产生同理心的大脑回路和自己亲历这种痛苦的大脑回路进行了部分重叠。

因此，如果我们减少了对疼痛的感知，那么对他人痛苦的同理心也会随之减弱。

通过对功能性磁共振成像的脑部图的分析，我们发现主要有两个区域参与了对他人的疼痛感知：扣带皮层和前额叶皮层。研究证实，当个体在经历痛苦的时候，这两个部分仍然在进行剧烈活动。由此可知，同理心是大脑对他人痛苦的模拟，也就是说大脑对同理心所产生的回应和对我们自己体验这种情绪时所产生的回应相同。

这种模式或许就是我们**不耐性的神经生物学基础**，作为一名高敏感者，当看到充斥着痛苦、灾难或者暴力的图片和新闻时，哪怕就只是在电视里面看到别人的遭遇，我们都难以保持中立。

但是对于疼痛，同理心还扮演着另外一种角色。如上所述，正是因为能够和他人在同样的神经结构处产生重叠，哪怕只是部分重叠，却足够和正在经历痛苦的人建立起一种身体同理心，对他人起到**止痛**的作用。

"当我感到不适的时候，只需要和丈夫待在一起，无需更多的言语，如果他再抱着我，那么会感觉更好。"

抚摸、触碰、爱抚和拥抱身心正在遭受痛苦的人，无需言语，这些动作就足以传达出你的同理心，并能像止痛药那般，减缓他人的痛苦，甚至可以让痛苦完全消失。

发布在《自然科学报告》上的一份研究表明，同伴越有同理心，在两人接触的时候止痛效果就越好。

对于"和你谈过之后，感觉好多了"，甚至是"只要看到你，我就又充满了能量"这样的话语，我们肯定很熟悉吧。

这就是高敏感所带来的另一份礼物：**我们真的非常棒！**

所以，亲爱的高敏感者：这是一份非常珍贵的礼物，请务必要小心谨慎地对待它。

"特殊"的阴暗面

卡珊德拉是希腊神话中的一个角色，有时我们提及高敏感者的时候会以她来举例。

根据神话故事，阿波罗为了赢得卡珊德拉的爱，决定送给她一份神圣的礼物，于是赋予了卡珊德拉预言的能力。不过这位处女祭司在收到这份礼物后，却拒绝委身于阿波罗，于是卡珊德拉便受到了阿波罗的诅咒，导致别人再也不相信她的预言。后来，卡珊德拉预知到了特洛伊城的覆灭，并且做出了所有努力试图让特洛伊市民相信城中的木马并不是礼物而是一个陷阱。她能感知到，可是没有人相信她。

尽管如此，她仍不放弃向世人传递所预言到的信息，即便卡珊德拉知道在一切被证实之前，自己都将不可避免地被标榜成疯子，不过这或许就是她的宿命——一名传递不幸的使者。在此我建议：不要将同理心和高敏感与类似于远见的东西混为一谈，因为它们之间没有任何联系！

卡珊德拉在这里象征着一些不可告人的事物，比如那些在我们内心深处的真相，同时，她也是一个活生生的例子，就像有时我们也不能适当运用自己的能量那样。

我们有想要被听见、被理解的**迫切需求**，但这造成的结果往往就是我们首先否定了自己的感觉价值，并想从外界去寻求支持。如果失败了，我们就是第一个怀疑自己的人。

另外，**感觉自己与众不同其实也是一种傲慢**：错误都是他人的！但这种想法所造成的损失和伤害却都是自己的，并且不可规避。

牺牲精神是需要我们监视的另一个恶魔。因为高敏感者的特性，我们的生活并不会被搞得过于糟糕。但又因还未学会重视和利用这一特点，生活自然也不会完全跟随着意愿来发展。抱着消极的态度来看事情，只会徒增失望和不满。不同之处在于，在所有的生活经历中，我们会变得越来越细心、开放和包容，因此也更需要学会自我照顾（self-care）。

最后，高敏感者还反映出了一个现象：**用敏感性来为所有事情进**

行辩解。"我和她相处愉快，是因为我很敏感""我离开了，是因为我很敏感""我这样回答/我没有这样回答，是因为我很敏感""我对此无能为力，是因为我非常敏感"。按下暂停键吧！深呼吸，让我们一起来思考。

　　变得完整，并加深对高敏感的了解，以及认识这种特征在我们体内的运作方式，这些都能帮助我们变得更开放、坚定，让我们能够更好地照顾自己，对自己的生活负起责任。这就意味着当我们表现糟糕，或者伤害了别人的时候，不会用自身的高敏感性来辩解，因为它仿佛是一种可以"说/不说"和"做/不做"一些事情的特权。同样的，如果我们被冒犯或者不被尊重，那么就应该坚持自己的权利：这些事情和自身的敏感性没有任何关系，只是单单关乎个人尊重的问题。

　　在我看来，这些高敏感的"阴影"尚未得到充分重视，因为目前讨论更多的还是高敏感者被误解和被孤立的问题：尽管如此，我仍然认为去考虑和意识到这些"阴影"的存在是必要的，哪怕它对我们的影响不大，那也是应该去了解并处理的问题。

　　我们知道这并非易事，需要进行不断地观察和练习，并摒弃过量外在的存在，专注于自身。日复一日，随着时间的推移，我们便能意识到所有的努力都没有白费，一切都是值得的。

模糊的界限

　　"如果在我很开心的时候，妻子却沉浸于悲伤之中，我就会对她发脾气，觉得是她带走了我的快乐。"

作为高敏感者，我们很容易被**高度"渗透"**。情绪、经历、环境、冲突、信念、判断，这些似乎能够越过身份认同的屏障，并与自身深度融合。尽管有时外界的环境氛围和他人的情绪都与自身无关，但我们也会像海绵那样，把它们悉数吸收进体内。

人类的皮肤是一种**半渗透状态**：既不是铜墙铁壁，也并非可完全渗透。它是一扇智能屏障，懂得去选择哪些应该进入体内，而哪些又应该排出体外。如果皮肤不懂得这些操作，那么我们就会一直暴露于病毒和污染之下，最终因脱水或者灼伤而死。

如同表皮的存在一样，我们同时也有着心理皮肤。**在界限上工作，就意味着加强我们的心理皮肤和敏感皮肤。**

设置界限并不意味着扭曲自身的敏感或者变得固执，而是要学会更加**明智地选择**我们想要吸收的，并过滤掉应该杜绝在外的。

我们常常对他人的情绪格外敏感，而且承担了一些不属于自己的问题，这是我们强烈的同理心在作祟，致使我们出现下意识的自主行为。

同时，我们对他人的信念也格外敏感，它们甚至会作为绝对的判断进入我们的大脑，对我们而言这就像是钉子般的存在。但个人信念其实是非常主观的东西，我们应该学会辨别，并将它归还给真正的主人，而不是带回到自己身上来。对于我们中的大部分人而言，这更像是童年时期所遗留下来的产物，因为在小时候，我们的敏感没有得到充分理解，甚至被扭曲、被贬低，那么为了得到大家的接受，我们就会逼迫自己"像他人一样思考"。

我们对于任何形式的**入侵都非常敏感**。如果不设立起自己的界限，那就只会积攒失望，不断被告知应该做什么、应该成为怎样的人、什么是正确的、什么是错误的。

我们**对于他人的投射也十分敏感**，甚至把他们自身都难以接受的方面影射到自己身上：因为我们总是面对这些不好的东西，所以时常无意识地就变成了一个收纳万物的篮子，去装下他人的所有缺点和不完美：

> "当我和母亲争辩的时候，哪怕我是有道理的，哪怕她伤害了我、不尊重我甚至将自己的压力不公平地施加在我身上，到头来受折磨的还是我自己，我会产生无数疑问，并思考一开始应该怎样做，才能避免矛盾冲突的发生，或者怎样可以使事情朝着更好的方向发展。"

我们**对于环境给人带来的迷惑性和理想化很敏感**，在极端情况下，它可以帮助我们做出判断。

> "我很容易会被冷静沉着的女性所吸引，一方面，我喜欢她们充满力量而又冷漠的形象；另一方面，她们的无动于衷和利己主义又会持续不断地伤害我。"

我们之所以如此，是因为作为高敏感者，我们天生就有着精准的触觉，能够捕捉到那些不曾说出口的信息。在我们儿时还未学会说话之际，在我们还未学会有意识地抑制自己的情绪之际，就已经训练出了一定的感知能力。慢慢地，我们还养成了不断向自己提问的习惯，是否一切进展良好、是否某个环节出了问题。因此相较于他人，高敏感者更加习惯一直处于讨论状态，哪怕事情根本就与我们无关；质问自己的责任，即使错不在我们；在每件事情上进行大量的思考，因为找到更深层次的意义对我们来说非常重要；有时候为了避免冲突而刻意将其忽视，只会让情况更加糟糕，每次的意见分歧都像是在我们的胸口或喉咙上系了一个死结。

我凭借自己的经验，总结出了一些高敏感者很难设置界限的原因：

· 我们很难说不。

· 我们很难去表达自己的不认可，也不会觉得这其实是缺点。

· 我们很难去表达自己的喜好。

· 如果这样做了，会觉得是种自私的行为。

· 如果这样做了，会觉得自己是坏人。

· 如果这样做了，会感到内疚。

· 我们害怕被拒绝、被排斥、被否定。

· 我们害怕被抛弃。

· 我们害怕失去敏感人物这个形象。

· 我们需要取悦他人。

· 我们需要得到赞同。

所有这些方面都由这三个基点来支撑，你必须不断强化：

· 作为个体的自尊心和价值。这并不取决于你做什么，而是无论你做什么，都享有幸福和成功的权利。

· 作为高敏感者的价值。

· 你的果断和自信。能够做出自己的选择，能够说"是"或者"不"。

对这三点进行巩固是需要投入时间去实践和练习的，而不是说看完一本书、一个章节就能解决。不过我在后面会给你一些建议和练习。

口令：抑制

我非常喜欢一个词：抑制。它是心理学中的一个概念，衍生于英国儿科专家和心理分析学家温尼科特的理论，尤其是他所提出的核心概念：保持（holding）。

To hold的字面意思是"持有"，holding的字面意思就是"持续持有"，并且后者在词义上更加有力量。但是这个词在心理学上的意义却是非常复杂和重要的。现在我会用一个平时在课堂上使用的比喻来解释这个概念。

我们先来想象一小瓶水，就是平日里随手放在桌子上、汽车里或者包内的那种半升装。这个瓶子其实就是一个装水的容器，除此之外，我们也可以用杯子或碗甚至可以用双手来捧着。但是这个瓶子对水却起到了**非常好的抑制作用**，这点是其他容器所无法做到的：

· 用塑料瓶身和盖子来隔绝外界的污染。

· 瓶身和盖子组成密封的环境，防止水洒出来。

· 有限，一个瓶子只能装500毫升，而不是2升。

· 质量，因为这个瓶子标志着水的质量和纯净度，标志着这水并非是废水。

另一个例子就是河床：河堤保护了河水不会流溢出来；保护了人

不会跌落河中；规定了水道的流经路径，并对其进行开发利用，使河流变得美观，使船只可航行，甚至可供人游泳。

学会抑制，是我们高敏感者需要掌握的技能，越快掌握越好，并且需要终其一生不断进行培养。

当情绪变得泛滥、失控、过度紧张，当它压倒我们，变得一发不可收拾的时候，我们必须学会**对情绪进行抑制**。当注意力受到打断，无法专心当下的时候，我们必须学会**对感受进行抑制**。当思想开始变得递归和沉思的时候，会吞噬我们的理智和清醒，甚至导致我们无法再做出正确适当的行为，此时我们必须学会**对思想进行抑制**。

温尼科特描述了母亲对新生儿的抑制：母亲用臂膀抱住婴儿，通过这种身体接触来保护他，同时婴儿也会给予母亲肢体上的反馈，并开始感受自身的边界。新生儿从和母亲的皮肤相接触开始，就逐渐形成了我们之前所谈及的心理皮肤，学会了去感知自己的存在，去认知他人，去感觉和依赖自己与这个世界。而且，随着孩子逐渐长大，母亲能用爱或者激励的话语（如"你真的太棒了！""你发明的这个游戏真的很有趣！"）来对其进行引导，起到良好的抑制作用。甚至当母亲拒绝了孩子的危险要求，或者说出类似于"够了，不能再吃冰淇淋了，否则会闹坏肚子的。这样吧，如果你明天还想吃的话，我们再去买"这样的话语时，其实也都是抑制的方法。我们要记住，抑制还意味着避免事情超出危险界限。

小时候，都是由别人来照顾我们，但是长大以后，我们就应该学会**自我抑制的艺术**。从何谈起呢？感觉、情绪和思想都是我们的一部分，但不是全部。

· 我有某个想法，但我不仅有那个想法。

· 我有某种情绪，但我不只有那种情绪。

· 我身体有某处疼痛，但我并没有完全被那种疼痛所干扰。

举个例子，当过激甚至悲伤的情绪开始失控、偏离轨道时，当我们的能量和理智逐渐被夺取、吞噬时，我们应该做的就是和这些悲伤（那些自身所存在，但不是我们的全部）保持一定的距离，以此抑制其肆意发展，并像父母那样去拥抱、正视并照顾它们。

开始练习**自我控制**：

· 保护你的敏感不被外界所淹没或入侵。

· 保护你的敏感，避免"付出"太多、流失过量精力的风险。

· 当你完全被一种感觉、情绪或者思想定义的时候，为自己的敏感设置一个界限。

· 赋予你的敏感性一定的价值，不要再去质疑它，而是将它当作你自身所存在的一个事实和一个可开发利用的资源。

说不

想要学会抑制，说"不"就是其中一个方式。这不仅仅是针对外界那些我们不懂得拒绝的要求——尽管意识到这些要求会让我们难受，但还是学不会拒绝——除此之外，还要对与现实不相符的内在期望说"不"。根据我的经验，我们所感受到的大部分压力，其实都是来源于第二种情况。

对于我们高敏感者来说，哪怕有很好的理由拒绝，也很难说出

"不"，因为这对于高敏感者来说并不容易。

洛夫·塞林（Rolf Sellin）在其著作《Le persone sensibili sanno dire no》（《敏感人群应该懂得说不》）中，将这个问题（不仅仅对于高敏感型人格）归因于人类的本能需求。在原始生活中，人类为了能存活下来需要依赖于部落和组织，如果个人被社会孤立，可能就意味着会导致自身的死亡。

但是我们为什么会在潜意识中就抗拒说"不"呢？

或许是文化、教育和宗教赋予了"不"很沉重的含义，有时甚至会将其扭曲。耶稣说过：要像爱自己那样去爱你的邻居。因此，人要先学会自爱，然后再像爱自己那样去爱别人。但为什么后来一切都被歪曲了？

或许如果每个人都发出质疑：这真的是我想要的吗？我待在这里真的好吗？这时，社会结构框架就会感觉到被威胁，因此，为了避免人们的意见分歧和持续反抗，在过去的几个世纪中，人类被灌输了一个思想，那就是："不"代表着消极和自私，甚至具有一定的破坏性。

我们都知道被"洗脑"给自身带来的负面影响，而且，这不仅仅局限于高敏感者。那么最后所导致的结果就是，当我们遭受不公正待遇时，会习惯性地保持沉默，因为我们说"不"的肌肉已经萎缩退化了。我们在遭受口头攻击时也已麻痹，无法再坚持自己的权利，无法理直气壮地说出："我不允许你用这样的方式和我说话！"

当我很小的时候，就听到过这个童谣："'不'是一个非常非常丑陋的词语，它是后悔和痛苦的果实。"有时候大人为了让小孩子屈服，会采用这种教育方式。我的童年则要相对幸运，因为从小我的思维就异于他人，这个童谣留在我脑海里的其实只有"果实"二字，它让我联想到了美味多汁、可当点心的水果。但尽管如此，那首冗长而单调的催眠曲也在无意识中侵入了我的思维，导致在后来的许多年里，哪怕成年之后，我依然深深地觉得说"不"是一件"非常非常丑陋"的事情，并且很难说服自己去表达不一样的见解。

美国精神分析学家维琴尼亚·萨提亚（Virginia Satir）说过，"是"和"不"都是美丽和友好的词汇。

"是"表示：**"谢谢，你提出的要求我觉得很合适"**。

"不"表示：**"谢谢你想到了我，但是你提出的要求不太适合我"**。

我在大学读到萨提亚的观点时，一下子就哭了出来，我感觉到那些深植于体内的针刺和痛苦消散了，并体会到了前所未有的轻松，所以我对萨提亚的理论充满了感激。

停下来，重新读那段话，然后思考。你是否也从来没有从这个角度思考过？在这种表达下，我们更容易理解到"是"和"不"都是等价且有效的词汇，而且你完全有权利去选择其中的任何一个。

允许自己说"不"，是我们高敏感者需要掌握的一项能力，就像一株植物需要不断地加固才能保持最健康的状态一样，也是需要我们平日里不断培养的能力。

学会表达"不"之前，需要先摒弃一些充斥在我们生活中的习惯：

·内疚（在我说完"不"后，会发生什么，谁会受伤？）

·不切实际的恐惧（我会被解雇，他会离开我，他再也不会和我说话了，我会被移出他的生活。）

·自私（说"不"就是只考虑到自己。）

·审判（如果我说"不"，我就是个坏人；如果我说"不"，就表明我的爱不够强烈。）

·羞耻（说"不"会不会是自以为是的表现？）

很难说"不"还可能是因为我们害怕发生冲突，害怕表达出异议之后，会让双方陷入无休止的辩论和争吵。而且，在那种环境下，我们通常不能够清醒且全神贯注地去应对。

因此，有时候说"是"就变成了我们的习惯，从而导致我们缺乏捍卫自己权利的能力：即便这很让人沮丧，但是我们中的大多数人还是认为顺从和妥协更加容易，然而从长远来看，这只会让我们累积更多的抱怨和压力。

"不"和"是"是一样的，"我不想"和"我想"是一样的，它们都只是表达我们自身基本需求的词汇：一种自主的、肯定的、保护自身权益和内心坚定的需求。

这种能力是从小开始培养的，18个月到3岁之间的小孩在面对大人的要求时，通过"是"和"不"来表达自己，也是从那个时候起，孩子们就逐渐树立起自己的性格，并开始衡量自己行为的可能性：我可以做的事情有哪些？母亲对我的容忍有多少？面对我的挑战，大人们有什么反应？

懂得真诚地说"不"，就意味着能真诚地说"是"。否则我们将无法知道自己的选择是否真实可靠。

让我们记住萨提亚的话：说"不"不仅意味着所面对的事物不在考虑范围内，甚至还可能和自身需求背道而驰。

你可以学习如何用一种积极的方式说"不"，学会做出适当的置换。这里有一些特定的训练。

害怕冲突

冲突、争论、对抗或者争吵，这些对于我们高敏感者来说，都是非常可怕的怪兽。

为了伪装和隐藏自己，也是为了随时能从爆炸的"磁场"中逃离，我们中的大部分人会采取逃避战术。

我们有一种特殊的天赋，那就是能够比他人更早意识到事情的不对劲之处。

还有一部分高敏感者所采取的战术就是"没有战术"，他们在困难的处境中不会做出任何保护措施，只是祈祷一切都会好起来，他们相信别人也是敏感和具有同理心的，不过现实却恰恰相反，大部分人并不是高敏感者。

然而我们所采取的这两种行为，都像极了受惊的动物，拥有最原始的大脑，也就是爬行动物的大脑。正如我们所知，一只受到惊吓的动物只有两种选择：逃跑或者率先采取进攻。

我们应该留意自己是否处于这两种状态，因为这就代表着我们正在被这种原始机制所奴役，那么在这个时候，就应该学会把自己从中解放出来，做出更多不同的选择。我们要学会更多果断和自信的技巧。

接下来我会给大家一些建议来面对分歧，在心理学家奥尔加·卡斯塔涅（Olga Castanyer）的启发下，我进行了不断地实践和修改，最终总结出了以下规律。

出故障的磁盘技能

冷静地重复并坚持自己的观点，而不是试图去争论，也不要去对交谈者做出挑衅行为。重要的是语气和方式都必须保持真实、友好和冷静，否则我们将会冒着成为挑衅者的风险，这样只会使气氛更加紧张。

A：这是你的错，我们又一次迟到了！

B：因为我还有另一份紧急的工作需要完成。

A：是的，但现在我们迟到了！

B：可是我今天必须优先处理另一份文件。

A：你总是能找到借口！

B：我知道你可能会觉得这是一个借口，但是我需要重申，今天真的需要先完成之前那份悬而未决的工作。

果断驳回

当高敏感者一时不知道如何回答的时候，会感到压力，且会感觉被情绪或者焦虑所侵蚀，此时这个方法会非常有用：

A：都怪你，每次去我父母家都会迟到！

B：因为我需要先完成工作。

A：是的，你总是能找到借口！

B：你听着，这是一个非常棘手的话题，但是我们现在都很累了。如果你愿意的话，这个事情可以先搁置一会儿，我们明天再来讨论。

明确指出对方的情绪

这种方法可以使我们利用天生的敏感能力识别对方和自己的情绪。

A：都是你的错，我们总是迟到！

B：因为我需要先完成工作。

A：是的，你总是能找到借口！

B：你现在看起来非常生气，所以我觉得我们之后再来谈这个问题比较好。

（注意：为了保障这个策略的有效性，有两个必要的条件。第一，语气和语调要非常温柔且有礼貌；第二，谈话者并不否认自身情绪且不进行投射。在这种情况下，对于高敏感者来说，可能用以下形式更加有利：

B：你现在和我说话的方式非常激动，等我们双方都冷静下来再谈这件事吧。）

坚定配合协调

这意味着向对方让步，我们需要明确的是，犯错和人品的好坏完全是两码事，因此大家完全可以就事论事，而不是去针对个人：

A：都是你的错，我们没有遵守期限！

B：因为我需要先完成另一份紧急任务。

A：我知道，但是现在我们迟到了！

B：我再重申一次，今天我必须优先处理另一份文件。

A：你总是能找到借口！

B：没错，我们现在迟到了，但是你知道的，我平时都是一个很守时的人，也非常尊重期限的设定。

这些建议只是为了给大家提供更多解决问题的方法，但是你也无须勉强自己去做或者去说你不赞同的东西。先去尝试、实践，然后再做出决定。重要的是，你能找到一种更适合自己的行为方式，这可以让你感觉更好，并与自己和谐相处，而非强迫自身去扭曲一些想法。

———— **现在一起来练习吧！** ————

▼

共情，但是要省电

开始学会**节省自身能量**，并在各种社交场合中审视自己：

· 参与这个活动，对我自身有益吗？

· 我正在了解他人，还是在替代他人？

· 我是对他人产生了同理心，还是在承担本不属于自己的责任？

· 我是否有考虑到自身的需求，还是只考虑了他人？

· 这段关系或者这种场合会耗费我多少能量？

· 无论如何，即便我卷入这种处境之中，是否能摆正心态并照顾到自身利益？

· 当超出自身界限的时候，我对此是否能够意识到？

练习"坚定"

回想一个曾经感觉到被冒犯或者一个没能坚守自己界限和立场的情况。然后找一张纸，尝试回答以下问题：

·在那种情况下，哪些语言、手势、行为对我造成了伤害，让我感觉到了被冒犯和不被尊重，但当时我却没有表达出自己的失望？

·如果我不是高敏感者，我会怎么做？

那现在就来实践吧。将你内心真实的想法写下来，越详细越好，描述出你之前想做却没做的事情。不要责备自己，正是因为你之前没有做过，所以才能充满建设性。对于大脑而言，想象某事和做某事其实是一样的，因为二者所激活的大脑区域相同。因此，花一点时间吧，在大脑内将这件事情重新进行布局，把所有细节都具象化，用一种你感觉更好的方式来呈现。记住，你越是严谨，大脑越是能接收到这个全新的行为，并对之前糟糕的表现进行替代。

用积极的形式表达"不"

威廉·乌里（William Uri），一名谈判培训师，他制定了一个既简单又有效的表格。实际上，很多书籍都在教我们如何说"不"，而乌里阐述了所有人都是复杂的，并非局限于高敏感者。当你想要对一个意见、要求或者期许表示异议的时候：

·从一个声明开始。（是）

·继续声明，并且设定一个界限。（否）

·以一个提议结尾。（是？）

举例：

1）感谢你想到我。

2）不过现在我没有办法再承担其他工作了。

3）如果下次有机会，而且我的时间也可调配的话，那么我将很乐意参与其中。

很高兴能够见到大家（1），但是对于你们所提出的时间段，我可能没有办法配合（2）。下次可以提前进行组织，或者下周我们再进行尝试（3）。

用不说"不"来说不

有时候我们只是害怕说出"不"这个字，其实，还有很多其他词汇或者方法也可以清楚地表达出否定的含义，所以想表达"不"的意思时并非一定要说出这个字。

为他人的请求设置界限

· 我不这么认为。

· 我有其他的计划。

· 我有其他的事情。

· 再看看吧。

· 我会考虑的。

· 不是现在。

· 相较于把事情弄得一团糟，我宁愿放弃。

· 我更想做……（加上你想做的事情）

· 不用了，谢谢。（将"不"和"谢谢"结合在一起使用）

对行为说不

·请等一下。

·我不合适。

·这样做不太好。

·我不是这样的。

·我不喜欢。

·我觉得不行。

·我觉得这样就可以了。

·我觉得这完全是另外一回事儿。

·这样不合适。

·这就足够了。

如果"不"是发自肺腑的

如果我们感受到了自身的抗拒而发自内心地想说"不",但同时又给不出适当的解释,那么很简单,就不要再做出解释了。除非出于内疚,否则也无须进一步说明。

·不好意思,我不能这样做。

·不好意思,我不这样觉得。（并且不做出任何多余的解释）

为冲突做好准备（也是为了避免它的出现）

回想一个你想要进行修正的场景。每一个场合都可以摇身一变,成为锻炼自己的健身房。

真实的情况（写下事情是如何进展的）	
用"出故障的磁盘技能"技巧重写故事	
用"果断驳回"技巧重写故事	
用"明确指出对方的情绪"技巧重写故事	
用"坚定配合协调"技巧重写故事	

神经科学最新的研究：现在进展如何？

可能并不是所有人都知道，早在1913年，卡尔·荣格就提出了敏感人群（Sensitive People）这一概念，他指出部分人天生就具备一定的敏感性，他们注定会以更加饱满的情绪来感知事物，而且对那些给他们造成强烈情感影响的事情很难风过了无痕。

在1989年，心理学家杰罗姆·凯根（Jerome Kagan）对超过500名新生儿做了实验，发现每5个婴儿中就有1个对刺激做出了不同的回应，他们对事物表现出了更强的反应。凯根同时还证明，在接下来的数年中，这些婴儿会变成拥有高反应的孩子，但同时还存在一个特殊性：进入青春期后，他们相较于同龄人会更加的内向、安静、谨慎且心思缜密。

近年来，阿伦博士又对之前的研究做了整合分析，她将凯根（Kagan）和罗斯巴特（Rothbart）所提出的强反应和抑制性，以及丹尼尔斯（Daniels）和普罗明（Plomin）提出的幼儿时期的胆小不安都转换成了高敏感性（Highly Sensitive Person），并证实这个群体占了总人口的20%。

《Troppo sensibili》（《过度敏感》）的作者，心理学家伊尔斯·桑德（Ilse Sand）对这个数据提出了质疑，且将其和不同的文化背景联系在一起进行了分析：在丹麦，也就是她展开工作的地方，敏感性问题得到了大家的重视，因此她认为有超过20%的人属于高敏感者。

还有，在动物群体中也表现出了高敏感特征。生物学家已经在超过100种的动物物种（从果蝇到鸟类、鱼类、猫狗、马和灵长类动物）身上找到了证据，基于这个发现，可推导出高敏感性应该是与生俱来的。

作为那仅占20%的少部分人（即使这个数据有所偏差），我们的高敏感性不仅反映出了一些大脑区域的不同功能，还反映出了一种生存策略。

拥有这个特征的人，能够处理更多的感官信息：可以意识到环境中所存在的更多细节和暗示，且相较于他人而言，这也是高敏感者更为发达的方面。除此以外，这个特征和我们自身的某些能力也有所关联，比如更高的感知能力、创造力和想象力。

阿伦也明确指出了敏感和内向的区别，因为人们时常会将二者混淆，并且曲解高敏感真正的含义。对于阿伦来说，高敏感型人格和内向性格存在一定的关联，但二者并不是同样的东西：事实上，在高敏感者中也存在外向型人格（大约有30%的比例），阿伦经过研究发现，性格的养成更多取决于儿童时期，包括他们的高敏感性格是否被接纳、理解、支持和鼓励。幼年受到的积极影响越多，拥有一个平衡、外向和幸福的成年的可能性就越大；反之，如果小孩在一个不敏感、冷漠甚至被忽视和虐待的环境中长大，那么就可能变得易退缩、害羞和内向，因为只有这样，他们才能更好地保护自己。

早在1985年，学者就开始假设这种特征是否具有先天性，并进行了相关的研究验证，因为大脑某些区域存在一种特定的神经生理学功能，格雷（Gray）将之称为行为抑制系统，并对婴儿在母亲子宫时期所受到的精神激素影响进行了分析。

目前，可以通过一些科学的工具，如功能性磁共振和神经影像来研究神经解剖学和大脑的运作方式，不过这是一条很漫长的路，还有很多需要我们去探索学习的地方。

根据阿伦的说法，高敏感者的反应可归结于感觉处理敏感性（SPS，Sensory Processing Sensitivity），即大脑内一些特定区域（右屏状核、左整颞区、颞皮质层以及顶骨区域的内侧和后侧部分）和右半球的活跃程度都相对较高。这些在2010年得出的结论能够证明在某些特定的神经区域内，高敏感者和正常敏感者的确存在差别。

接着，2013年和2016年的实验又得出了另一个结论：在处理强烈情绪刺激（消极或积极）的时候，高敏感者的大脑内与意识、同理心和过度社会化相关的区域会更加活跃，并且高敏感者对于他人的情感（脑岛和扣带皮层）会有更深入的解读，对于积极的刺激也会做出更强烈的回应。

阿伦所提出的高敏感者自我评估表被认为是测量这一特征的一个非常有效的工具。

科学在飞速发展，如今通过神经科学以及探索高敏感与遗传特征之间的联系，很多研究都取得了进步。有两个不同的研究都共同指出，高敏感者自我评估表的高分和一些基因有明显的关联。第一个研究是在丹麦进行的，研究证实敏感性和运输血清素的基因有所联系，血清素能够调节情绪，且在抑郁症中扮演着重要的角色。一直以来，人们都有个误区，就是认为高敏感的人更容易抑郁，其实这个想法是完全错误的，正确的解读应该是，高敏感者更容易受到周围环境的影响，无论是好还是坏，然后会间接导致心理上的束缚。不过敏感性和血清素的关联也存在着有益的方面：

·在决策活动中，高敏感者会表现得更好，因为他们更能从情绪上抵御风险。

·在高度复杂的任务中，他们能采取不同的解码方式，表现出更强的能力。

·在类似于恒河猴的实验中，他们拥有更好的决策能力。

多巴胺是另外一种和敏感性有关的神经递质。在第二个研究中，发现了可能和高敏感性有极大关联的另一组基因。对于阿伦来说，这些实验提供了充分的证据证明敏感性是天生的、可遗传的，并且有非常多的优点。显然，不能说一种基因就可以决定高敏感性，但是学者们在2011年的一些研究中发现，多巴胺和高敏感性之间确实存在着强有力的关联。

此外，当然还有一些有趣的研究，这些研究探索了和高敏感性相关的其他方面。在2014年的研究中，证实了高敏感者在极端隔离下的状态会对自身产生非常严重的消极影响，并且会使得高敏感者变得异常焦虑。

2005年的一项研究证明高敏感者非常容易受到周遭环境和一些病症的影响，特别是过敏、偏头痛和慢性疾病等，而且在他们的近亲身上也发现了类似的敏感性和病理。

在2012年，里佐·西耶拉（Rizzo Sierra）和里昂·萨勒米恩托（Leon Sarmiento）做了个有趣的研究，证实了身体体型与性格的关联，其中高敏感者所具备的更强的感官处理能力、内向性格以及创造力，其实都和外胚层体型相关。

外胚层体型是谢尔顿（Sheldon）在1940年提出的三个体型之一，他们四肢较长而躯干短、瘦弱、胸腔窄，在女性身上还表现为胸部较小，看上去更加年轻、内向、爱反思，并且有艺术家的气质，也更容易焦虑。同时，研究者们强调，无论是这种西方的人类躯体学中的外胚层体型，还是印度医学中的瓦塔（Vata）体型，都证实了这种关联的存在。

我的经验可以证实出身体结构和高敏感性之间的关联，而且我们在罗温（Lowen）关于生物能治疗的分析中也可以找到证据。

最后我想要提及在2010年的一项重要研究，这次研究中第一次使用正念疗法来为高敏感者减轻压力和缓解社会焦虑，并提升其自我接受程度和自尊心，帮助其管理同理心以及自身成长。这次研究的成果也是惊人的：经过八周的正念减压疗法练习后，所有受试者都表示压力和焦虑明显减弱，并且提升了幸福感和自我效能。

高敏感者通过实验证明了这种方法能起到明显的改善作用，而且效果能够一直持续到练习结束后的第四周。

在非敏感的世界中

做一个敏感者

高敏感者的情绪

高敏感和情绪是两个并行的特征。作为高敏感者，我们感知"所有——非常——总是"，因此自身的情绪状态非常容易被放大。同时必须注意的是能感知它们和能适当管理它们完全不是一回事。

或许你不知道，作为人类，我们天生就具备一个基础的感情包：意味着我们拥有一整套固有且普遍的情绪，且我们从小就能感受和意识到它们的存在。

根据学者艾克曼（Ekman）和弗里森（Friesen）的研究，我们知道了这套原始情绪涵盖：喜悦、悲伤、愤怒、恐惧、惊喜和厌恶。除此之外，罗伯特·普拉奇克（Robert Plutchik）还指出了另外两个：期盼和接受。而且随着时间的累积，它们会不断地发生和成长，就像音符那样能相互结合，并产生出更为复杂的情绪。

我们所遇到的大部分问题，无论是和自己还是他人，其实都源于没能对自己的情绪进行感觉、解码和表达。在这里，不只是针对高敏感者，也包括绝大多数人，就好像成为一个情绪文盲，甚至在某些情况中会转变成真正的功能性障碍，也就是精神病学上所说的述情障碍，即患者无法适当地表达出自身所感。

不过，我们高敏感者和所有情绪之间都保持着一种特殊的关系：我们渴望、寻找、捕捉、预知、放大、想象并且思考它们，但如果没能感知到情绪的存在，我们就会通过创造、与他人共情、从微小的细节中感觉等方式来进行获取，并让它们随着时间的流逝而持续下去。

高敏感和喜悦

喜悦的情绪会导致有益物质的激增：血清素、内啡肽、多巴胺和催产素。从身体层面来说，有益于我们的免疫系统和健康状况；从精神层面来说，可以滋长自尊、增强身份认同，并且有利于关系的巩固。

但是对于我们高敏感者来说，喜悦却是烦恼和快乐的混合体。我们渴望它、追寻它，可是往往在感受喜悦的同时，又变得过于活跃和激动，那么这个时候它就很容易转变成另外一种难以掌控的情绪。

当高敏感者感觉到幸福的时候，会经常出现一个现象，就是在夜晚难以入眠，甚至会因为分心而发生一些小意外，或者他们会忘记吃饭喝水，还有可能在这些愉悦的情绪中感知到细微的焦虑和不安。

"周六是我的生日，所以当天晚上可能会收到来自朋友们的礼物。尽管如此，我白天还是在焦虑和紧张中度过，并且直到下午快到晚上的时候，我才开始享受当下的美好和快乐，不过事实就是，大部分的时间都被浪费掉了。"

这些反应都取决于一个事实基础，那就是高敏感者神经系统的敏感性要高于平均值，相当于是常规激活阈值的极限，我们很容易被情绪所侵袭，哪怕是愉悦的情绪，它们总是能轻而易举地越过界限，将我们淹没。这个特征在高敏感的小孩身上也有所体现，比如，当他们在游戏中感觉到非常快乐或者过度活跃的时候，往往就会变得异常激动，甚至表现出侵略性行为或者爆发出哭泣。包括中医里也提到：任何事情，只要过量了，即便是像喜悦这样的积极情绪，也会造成系统的失衡。

另一方面，对于高敏感者而言，伴随喜悦而来的可能还有不安，也许是因为觉得自己不值得如此幸福，也或许是想要尽可能地留住这种感觉，但这样只会造成焦虑的不断攀升，因为任何一种情绪都是短暂且转瞬即逝的。

高敏感和悲伤

说实话，对于高敏感者而言，我们是喜欢悲伤这种情绪的。我们倾向于将悲伤同审慎、内向和深度联系起来。是的，我同意这个说法，包括很多艺术家也都是这样来看待悲伤的，而且他们中的大多数人其实都是高敏感者。

但这个说法并非完全正确。悲伤是一种能对我们身心造成影响的基础情绪，是某些特定神经递质的产物，这些递质会改变我们的荷尔蒙，从而造成内在状态的转变。悲伤的目的其实是让我们学会自我保护，能及时停下来并节省能量，因为有些事情需要从情绪层面来进行处理和消化。但同时，如果我们不及时抛下悲伤，那么就会有深陷其中的危险，从长远来看，会造成植物神经的退化，甚至被社会孤立，极端的情况下还会导致抑郁。

　　在此，我想单独探讨一下伤感，即当我们想到过去美好时光一去不复返的时候，所感受到的悲伤和喜悦掺杂而来的一种情绪。这要归结于我们高敏感者更倾向于用一种浪漫的方式来看待自己喜欢的事物。但如果这种情绪没能导致一些具有建设性或者创造性的东西，那么就应该加以控制，并且增强自己设置界限的能力。

　　"有时候在漫长的冬日下午，我会莫名感觉有些沮丧，也说不出具体原因，然后我就会循环播放音乐，开始画画，做什么其实不重要，我只是想给这种折磨自己的悲伤找到一个出口。"

高敏感和愤怒

　　愤怒通常是一种被禁止、压抑，甚至不被支持的情绪，然而它其实具有很多功能，其中最重要的就是让我们在面对威胁或不公的时候做出反应。

　　这种情绪其实决定了一系列的反应，但是为了将愤怒控制在健康的范围内，并且不让其失控，就要学会对其进行适当的管理。愤怒和害怕一样，会造成一系列不受控的生理反应，从而导致自身焦虑不安，并激活自身的交感神经：心率加快，出汗频繁，引起攻击或逃跑的行为，血压升高，呼吸加速，皮肤敏感性增强。

　　从心理学上来说，我们在极度愤怒的时候，会消耗掉很多应该用于其他地方的能量，比如逻辑的推理、问题的解决、社交和注意力等。并且现在社会中出现的大多数问题，都是源于糟糕的感知能力，以及缺乏对愤怒的管理能力。不过对于高敏感者来说，愤怒其实是最难管理的情绪之一：

·或者我们害怕这种情绪，所以尽可能（即使根本不可能）地避开它，并将逃避作为唯一的解决办法，哪怕离我们还很遥远。

·或者就像受惊的小动物，对于任何一种威胁都过度反应，并且由于害怕被战胜，而进行无意识的被迫攻击。

·再或者，我们的系统陷入两难，便会进入冻结状态，这是一种我们在面对攻击的时候所出现的心理和身体上的冻结。这就有点像动物在面对极端威胁时所采取的假死策略。

"当我犯错的时候，我通常不知道该怎么做，于是就将自己封闭起来，保持沉默，但是在内心深处，却感觉随时要爆炸了。如果这个时候，再强迫自己做出回应或者发起反抗都是没用的，只会加深我的恐慌。"

当上述三种情况走向极端和绝对的时候，就会导致沮丧和进一步的愤怒。因此，我们应该学会采用灵活且具有创造性的解决方法，既能保护我们的敏感性，也能够节省自身宝贵的能量。

高敏感和恐惧

其实恐惧也是一种与生俱来的基本情绪，它能在必要的时候对我们进行保护，恐惧无论是从心理上还是身体上，都能辨别出危险的处境。比如在森林中散步的时候、在面对一场强风暴的时候，是恐惧保证了我们的安全。不过这种情绪也能让我们在保持警惕的同时感觉到不适，比如晚上独自走夜路的时候。

可是如果在并不危险的情况下，仍激起恐惧反应，才是问题所在。

当面临一定状况时，高敏感者总是将恐惧作为是否逃避的唯一标准，我们过去也许累积了一些消极或困难的经历，以至于现在仍会在无意识中，从这种旧的角度来判断新的事物。

当面对那些想要认识我们的陌生人的邀约时，是恐惧让我们说"不"；当要去购物中心逛整个下午时，是恐惧让我们产生抗拒；当面对工作公告的时候，是恐惧让我们拖延不去回复。

"因为我知道一旦发送成功，就会出现一系列的事，要么他们给我回电话，那我将要面临一些改变和新的尝试，要么他们不给我打电话，那就一切维持现状不变。可无论哪种情况，我都会感到恐惧，所以干脆什么都不做。"

恐惧不是一种事实，而是一种对于事实的情绪回应。恐惧和其他所有情绪一样，如果它是作为一种顺势疗法的药物，那么每天进行服用，就将被中和且"驯化"。就像是一种疫苗，我们应该每天做些让自己感到恐惧的事情，以此来训练自己。

从另一方面来说，如果我们长期处于恐惧的状态，那么这种情绪就会伤害到我们的身体，并产生一种叫"压力激素"的物质，即皮质醇，从而对免疫系统造成损伤。从长远来看，长期处于恐惧会降低人体免疫防御功能，引起病毒的侵袭，或者会因压力而患上自身免疫疾病。

高敏感和厌恶

我在大学的时候才知道厌恶其实是一种天生且普遍的情绪，这个发现一度让我非常惊讶。其实从小开始，厌恶就帮助我们识别出哪些刺激对自身有益，而哪些有害。它能基于实际物质、形势或者关系来做出判断。

是厌恶保护我们不至于误食臭鱼而中毒，也是厌恶帮助我们决定是否要去参加某次聚会。我们参加与否，或许是取决于是否喜欢那里的人，又或许取决于那里的环境是否让我们感觉舒服。

如果我们是高敏感者而不自知，那么就会持续对自己进行错误的引导，甚至还可能造成对自身的厌恶，因为我们总觉得自己有别于大多数人，并且在很多情况下都感觉不适。我们错误地把内心的厌恶指向于自己的存在方式，而非外界不利的形势。

厌恶其实是一种被低估了的情绪工具，我们应该学会正确地认识它，并以此来提升生活质量。仔细挑选出对我们有利和能增强自身敏感性的东西，鉴别出对我们不利的东西，因为它可能会伤害我们，并打击我们的自尊心。

很多时候我们认为自己不能适应当下的环境，但可能是因为没能充分地保护自己，或者是因为强迫自己待在了一个对自身和神经系统都有害的环境或者关系中。

"我应该怎么办？我不想和朋友们单独出去了，因为他们不喜欢我，我从中也感觉不到乐趣，而且我们之间并没有太多的共通之处。"

　　我们应该将内在所感受到的厌恶感外化出来，对于那些生活中想要得到的事物，进行建设性地选择。是的，我知道这听上去有点自私，甚至你只要想到此就会觉得内疚，但是你需要知道，这些都关乎于自我保护和自尊。我更喜欢将之称为"健康的自私"。

高敏感和惊喜

　　我们和这种情绪之间的关系非常矛盾。高敏感者对于感官刺激的激活阈限要明显低于平均值，而且我们的注意力总是能捕捉到环境中存在的所有信息，无论是内在的还是外在的。突然或剧烈的声响、刺激的气味、他人不情愿的碰触、强烈的灯火或者颜色，这些都可能会对我们造成惊吓，并分散自身的注意力。

　　同时我们的思维一直处于高速运转状态，所以通常在别人揭晓结论之前，我们就已经有所预见，或者在结果尚未被他人"看见"之时，我们就能推导而出。

　　"这些笑话并没有让我觉得惊喜。当别人在讲述的时候，我总是能猜到后续会如何发展和结束，可最后我还需装出很意外的样子……"

　　惊喜本身其实是一种中性的情绪，它可以在短短几秒之内消失，或者转换成另一种情绪，这都取决于我们所感受到的惊喜是否令人愉悦。

　　如果能够认识到自身的"惊喜阈限"，那么无论是对于自己的日常生活，还是对于身边人而言，都将会非常有帮助。同样地，通过正确的方法来降低自身的激活水平，那么在面对突发刺激的时候，我们也会变得更加强大。

情绪创造出健康或者疾病：全凭你选择！

"我决定要幸福，因为这样对我的健康有好处！"

伏尔泰的这句话不仅能鼓舞人心，更是象征了一种早在三个世纪前就出现的开明直觉，而且这句话在现如今已经得到了神经科学的研究证实。

在互相认知的过程中，**思想、情绪和感觉紧密相连，占主导位置且互相影响**。其中，精神神经内分泌免疫学（PNEI）和神经影像学技术为人类做出了巨大的贡献。

大脑内管理情绪和进行神经递质调节的区域相同，这些递质决定了我们如何思考和感觉，还会刺激内分泌系统产生激素，分泌一些对免疫系统有用的物质，以此来帮助我们抵御疾病。涉及很多东西，不是吗？而它们都是由大脑内的那个小核来控制的。

我们来举个例子。如果我报了一个新的烹饪课程，那么大脑会释放**多巴胺**，产生动机以及征服欲，当我要开始烹饪第一道菜的时候，我甚至能感觉到它有多美味，那么大脑会释放另外一种多巴胺作为奖励和满足，促使自己产生继续课程的欲望，并使自己想要成为一名出色的厨师。此外，喜悦也来源于**血清素和内啡肽**的释放，血清素决定着喜悦和健康，而内啡肽决定着幸福和放松。总之，这种感觉真的太奇妙了！而且当我们自己从容和满足的时候，也减少了生病的概率。你们是否也注意到了这点呢？

相反，如果我不喜欢自己的工作，那么在每天醒来的时候，我就会想，今天肯定会很糟糕，就和之前的日子一样，此时我的体内就会开始分泌**皮质醇**，即一种压力激素，以此对接下来可能发生的问题进行抵御，而且**肾上腺素**持续保持警觉状态，同时减少了血清素的产生，因为我们已经在潜意识中告诉了大脑，今天不会有任何好事发生。这个恶性循环就是如此自然地发生，学者们将之称为反馈。如果我们不进行有意识的干预和改变，那么这种生物化学模式和认知方式将会自动维持下去，并随着时间的流逝而持续。

当我们进行思考的时候，其实也是在向大脑发出指令。如果我们认为"今天会是糟糕的一天"，大脑就会从生物化学的层面做好相应的准备，释放出刚刚提到的所有物质。那么结局就是，我们真的拥有了糟糕的一天，原因很简单，我们早就为此设定了自动规划。

还有一个很重要的方面，如果我们持续处于警觉、应激、退缩和害怕的状态，那么就会导致肾上腺不断产生皮质醇，长远来看，我们会更容易受到疾病的攻击，因为这种物质会对免疫系统产生阻抑作用，即**降低自身抵御能力**。这就是当我们长时间处于悲伤、懈怠或者重压之下，会更容易生病的原因。那么我们又应该怎么做呢？

我们的大脑内部有一个有趣的并且对自身也非常有帮助的潜能：**对于大脑来说，想象某个场景和真实地存在于那个场景中，其实并无差别。**

如果我们想象自己身处于最喜欢的沙滩，然后具体化所有视觉和

听觉上的细节，甚至想象出和沙子、海风、阳光、大海接触而产生的
物理感觉。那么此时大脑内所激活的区域，其实和我们真实处于那片
沙滩中是一样的。

　　还有实验证明，如果我们扬起嘴角的肌肉做出微笑的样子，哪怕
此时并没有察觉到高兴的动机，我们的大脑也会产生出喜悦的物质。
嘴部肌肉的上扬=向大脑传递信息，这和喜悦是否真实的存在无关。

　　像训练那样，我们将这种面部表情维持几分钟，那么大脑就会对
面部肌肉所发出的信息进行解码，然后分泌血清素和内啡肽，且这一
系列的操作与情绪是否真实发生无关。此外，随着这种物质的释放，
我们的体内会发生化学性的改变，这对我们自身的心理状态也会产生
积极的影响。

现在一起来练习吧！

▼

训练自己对情绪的认知

　　根据章节"区分形势、思想、感觉和情绪"所给出的建议来进行
练习。

刺激血清素的自然释放

　　这种神经递质对于我们的健康来说非常重要，有90%的血清素都
是由**肠道**即人类的第二个"大脑"产生。因此，促使血清素自然产生
的第一种方式，就是照顾好我们肠道的健康，避免那些会影响其平衡

的饮食和生活方式。

此外，还有实验表明，只需要20分钟的**有氧运动**，比如慢跑和快走，就可以刺激血清素的释放。你们想想看，每周只需进行2—3次20分钟的运动就可以获得幸福，这绝对超值不是吗？

除此之外，我们还可以通过**一些食物**来帮助自身产生血清素，因为该神经递质是由一种必需氨基酸即色氨酸通过中和而成，所以只要食用含该物质的食物即可，不过需要注意自身是否有不耐性或者谨遵医嘱。这里有一个简短的清单可供参考：

- 苦可可和黑巧克力；
- 鸡蛋；
- 新鲜奶酪；
- 白肉；
- 干豆；
- 油料和坚果；
- 海鱼；
- 全谷物或半谷物；
- 一些蔬菜（菊苣、菠菜、土豆、白菜、芦笋、蘑菇、甜菜、生菜）；
- 一些水果，如香蕉和菠萝。

自然抑制皮质醇的产生

这种神经激素虽然具有抗炎功效，但是在血液循环中存在的时间必须有所限定，而且剂量要控制得当，否则将会产生多种问题。此外我们身体内还会产生一种皮质醇的拮抗剂——**催产素**。

　　这种激素主要是在分娩过程中用于刺激子宫的收缩。不过研究发现它还有另一种神奇的功效：如果是由感官所产生的，比如爱抚和拥抱等，那么催产素会起到抗压作用，因为催产素能够降低血液中皮质醇的阈限。催产素被定义为一种**亲密**和知足感的激素，并且也是在亲密关系（亲子之间、爱情、深刻的友情、性关系）中产生的。不仅在性高潮的时候，在身体接触的过程中，也会刺激催产素的过量释放，如放松按摩（由伴侣或者专业的按摩师来完成）、和他人的身体接触、被爱抚、逗弄宠物等。精准的测量证明，只需要20秒的拥抱，就可以释放足量的催产素让自己感觉良好。我相信大家都体验过这种感觉。显然，最首要的还是建议大家直面压力的来源，并积极做出改变，不过与此同时，我们可以通过拥抱、爱抚、按摩和性行为等让这个过程变得更为甜蜜。

微笑练习的科学

　　在堵车、无所事事、做家务、汽车清洁或者做手工艺品，哪怕洗澡的时候，都可以锻炼微笑的肌肉。请记住，即使你不快乐，也并不阻碍大脑产生出幸福的物质。

　　我经常在开车的时候进行练习，比如回家或者往返于两个工作场所之间时，我就会在车上开始微笑，跟随自己的意愿，加大嘴角的幅度，或者微微示意，不过效果都是一样的。然后将这种状态保持五分钟。你也应该试一下，哪怕只是为了观察其他驾驶员看到你时的反应！同时这也是抗皱的绝佳体操。

　　你进行练习时，不需要特意去想些什么，哪怕是在你还不是特别相信这种方法的情况下，仍然可以开始，试试吧，并注意随着时间变化你身体所发生的改变。让身体自己来做出应有的反应！

· 推荐大家读一读丹尼尔·戈尔曼（Daniel Goleman）的《情商》。
· 邀请大家一起观看皮克斯的电影《头脑特工队》。

空闲时间

对于高敏感者而言，娱乐消遣并非一件易事，甚至可以说是一件很严肃的事情，它在拉丁语中是de-vertere，意为"转移到别处"。对什么进行转移呢？当然是注意力！因此对于正常敏感者来说，娱乐可能就代表着分散自己的注意力，将其转移到别的地方。但是对于高敏感者来说，却不是那么容易；相反，这更像是一种能力。如果我们想要将注意力转移到其他地方，那么可以寻求一些建议或者刺激，以此来停止我们当下的注意力和思考。这一点都不轻松，不是吗？

我们往往采取认真严肃的态度来对待事物，会去挖掘其更深层次的含义，所以有时候我们很难理解某个笑话或者某种情景中所蕴含的讽刺意味，因为我们更能捕捉到字里行间的深意，或者如果谁给我们讲了一个反讽的小故事，我们可能不仅笑不出来，甚至还会对其中的人物产生同理心。因此在这里，我不得不再次为我们的这种反应做出解释。

不仅仅是娱乐

所谓的**游乐园**对我（可能对大部分的高敏感者也是如此）而言却

是地狱般的存在。如果给我一张门票，那么我一定会把它转送出去，因为我绝不会把自己置身于无数的队伍、吵闹声、灯光和强烈的声响之中，毫无疑问，那定是备受折磨的一天，无尽的精神压力，这种崩溃状态甚至会持续到第二天。然而这些地方之所以受到大众欢迎，却恰恰是因为它能为人们提供兴奋刺激的体验，致使肾上腺素的释放。

我们高敏感者的生活大多是如此：每一种经验体会都是极端的，而自身情绪也像是在坐过山车。

除非我们是追求刺激人群（sensations seekers），那么娱乐方式就会有所不同。

如果你们被邀请去一些类似的场合，自己也非常想要参与其中的话，那么我建议最好先浏览一遍所有的项目，然后进行有意识地选择，并在刺激情绪的剧烈活动中穿插进减压时间，如中途可以选择坐在绿色植物之间放松片刻。

同样的，逛一下午商场、旅游景点等都可能成为高敏感者的压力来源。过度的刺激可能不会被我们迅速感知到，但是我们在几个小时之后就会觉得疲惫不堪，或者没有缘由地生气。这些都是超过极限的表现。

去**电影院**或者结伴**在家看电影**也是一种娱乐方式，不过要选材得当。我从来没有看完过《凡托齐》（Fantozzi），因为我的敏感性让我对电影中所呈现出的情景感到愤怒，并认为这就是造成可怜人不幸和悲伤的源头。

恐怖片对于高敏感者来说也很难接受，除非我们为了抑制敏感性而强迫自己去看，因为我们需要为此付出的代价就是去抑制过度活跃的神经系统。不过由于天生的好奇心，我们会更容易被惊悚片、冒险片或动作片吸引，但同时这却会使我们的神经系统处于紧张状态。

那么我们为什么不选择看会儿电视来放松呢？别提了，换台也是件令人头痛的事情！我们需要不断切换频道，然后又要快速集中在新的内容上，这只会使我们陷入焦虑而并非放松。就更别说新闻了，新闻更是如此。

"在前一天晚上的新闻中，我看到了一则关于地震的消息：被摧毁的房屋，大街上绝望的大人和小孩。我感觉到了非常强烈的悲痛，然后流下了眼泪。我什么都说不出来，也无法拿起遥控器调换频道。

现在我已经好几个月不看新闻了。它们的报道十分深刻，总是出现暴力和悲剧事件，甚至导致我的胃也跟着受罪。即便在关闭新闻几个小时后，那些画面也还是在我脑海中不断回放。"

社交网络有一种独特的魅力，特别是对于高敏感者而言，更是如此。置身其中，即便是在独处的时候，也会让我们产生被陪伴感。这些社交工具也为我们提供了一个可以看到世界的"小窗口"，而且还无须完全暴露自己。这样看来一切都很好，只要使用得当、有节制，这就是一个有价值的消遣工具。但是我发现仍然存在一些患者，他们或早或晚的都会选择暂时性或永久性的退出一个或者所有社交平台。

"即使是和朋友交谈，我也无法接受所有信息。

哪怕这是一个关于敏感话题的聊天，我也决定退出，因为某些发言让我觉得烦闷……不过我仍然没有勇气说出自己的想法，这无疑更让人困扰……"

　　这些平台上的交流模式是快餐式的、肤浅的，并且没有任何肢体语言参与。从长远来看，这会使高敏感者迷失，可能还会使他们感觉到压力和不悦。更别说还有可能碰见那些躲在键盘后面，进行匿名辱骂、批评和挑衅的人。这其实是一个非常普遍的现象，然而一个高敏感者身处其中时，却真的可能因此而破碎。因此高敏感者在社交网络中要学会拿捏分寸，并保护好自己。同时还有一件非常重要的事情，就是约束自己在这上面所花费的时间，无论如何，不要在晚上或者睡前去使用社交网络，因为它们会刺激神经系统，使其过度活跃。

　　那么为什么不去**酒吧**喝杯开胃酒呢？或者去跳**迪斯科**？这可能是一个好主意！但是我们会很快感觉到疲惫，并想要早于他人离场。此时，我们还需要为自己解释，有时甚至会制造些借口，总之这又是另外一种压力。灯光、嘈杂的音乐、拥挤的人群、叫喊声、近距离的接触，为了能够继续消遣其中，我们高敏感的感官系统会将它们作为压力的源头来进行管理，且进行精神上的隔离，而并非将其直接看作娱乐消遣的一部分。

　　这当然不意味着我们要过上隐居的生活，或者我们被剥夺了一些体验的权力，完全不是！相反，我们更应该为了想要做的事情而去充分了解自身的高敏感性，认识到自身的忍耐限度，并且加以注意。这位患者就是一个例子：

　　高敏感者：医生，我做到了！我实现了自己的愿望，终于去了摩德纳公园（取得了最成功的票务音乐会的世界纪录）。

治疗师：感觉如何？

高敏感者：非常棒！我离舞台只有15米。对我来说，这就是属于我个人的胜利。

酒精被很多人认为是娱乐消遣的"盟友"，因为它能对神经系统起到刺激作用，如果使用得当可以帮助人放松。但是酒精对于高敏感者的神经系统来说，就可能是超出常规阈限的存在。对于所有人来说，酒精或多或少会造成感官上的影响，干扰视觉、对声音无法做出正确的评估以及损害判断能力。如果这些都发生在高敏感者的神经系统上，那无疑是一场灾难。

因此，如果我们在度过了充满刺激的一天后选择在晚上喝点酒，就更有可能体验到失控感以及身心上的不适，从而感到不知所措。或者是在俱乐部里喝上一杯，那里充斥着视觉、听觉和动觉上的过度刺激，只会让我们感觉更加糟糕，这种感觉伴随着身体或精神上的症状而来，犹如置身人群中的焦虑和不安。

还有一些研究中谈到了**咖啡因**的高敏感性，不过在我的临床经验中，这个说法的准确性还有待商榷。当然，为了保证晚上的睡眠质量，还是建议大家不要在傍晚之后食用含咖啡因的食物。

同时我们高敏感者还需要特别注意那些对神经系统有所影响的**药物**或**物质**，无论是精神活性药物还是舒缓性药物。自然，大家都应该遵守医嘱，但你可以向专家询问是否可以进行逐步适应，即从适当的剂量开始服用，有点类似于"顺势疗法"的原理，这样能给身体足够的适应时间。我还记得有一位患者为了提升睡眠质量，一开始就按照医嘱服用了4滴褪黑素（建议的最低剂量），到最后却出现了反常的情况：他整夜都没有睡觉，并处于异常清醒的状态，大脑被所有的思绪和计划淹没。

相较于过度服用药物来说，高敏感者还可能会使用麻醉物质来舒缓因过度兴奋而导致的压迫感，或者填补因低兴奋而带来的空虚感，特别是对于那些寻求刺激的高敏感者来说，更是如此。但是高敏感者的谨慎使他们能够意识到自身行为背后的含义，以及长此以往所带来的后果，因此他们不太容易变成一个药物依赖者或者瘾君子。当然，如果高敏感者身上还存在着其他精神干扰性病症，或者其他的性格特征，那么这些情况就有可能会导致其对药物的依赖，不过这当然另当别论。

高敏感者：我从小就参加田径比赛，并且在2000米的长跑训练中表现出色。最重要的是我很喜欢这项运动，在跑步的时候我能感觉到腿和身体的力量，并且非常神奇的是，这让我觉得很放松，甚至觉得这是另一种形式的发呆或者冥想。

治疗师：现在还跑吗？

高敏感者：不，不跑了！我在到达区域级别的时候就放弃了。

治疗师：为什么？

高敏感者：压力太大了，小时候每次比赛之前都会觉得十分焦虑。但是我没有勇气告诉别人，我认为这是自己的问题，也没有人能够理解。所以我只是对外说，不想再继续了，就这样挺好的。

可惜的是这个案例中的女孩并不知道自己是高敏感者，没有利用这个爱好来帮助自己管理焦虑，最后还导致她结束了这个自己所擅长且十分喜欢的运动。

不管是从身体上还是精神上来说，运动都是非常好的减压工具，不过要在轻松和没有过度竞争的环境中进行。

感受自己的身体和其潜能，训练自己去达到某种目的，相信自己的感觉并用它来感知自身的效能和能力，这些对我们高敏感者来说都是非常有帮助的。

正如我们在章节"高敏感的身体感觉如何"中所了解的那样，大部分人因为没有意识到自身的敏感性，而选择切断和身体的联系，当感觉变成了痛苦的根源时，我们就很容易在无意识中选择麻痹自己，选择不再听见自己身体的声音。

保持一种规律的运动，我们就能认识到自己有多少能量、什么时候会觉得疲惫以及什么时候快要接近极限。这些感觉会被我们的大脑认知并解码，从而变成一种内在手册，告诉自己是否正在接近崩溃，耐力还剩下多少，在一些日常活动中、工作中、购物中，我们都能够逐渐学会照顾自己，并为了避免崩溃，将自己控制在忍耐限度之内。

但是如何选择呢？

其实和运动的类型没有太大的关系，瑜伽、生物能疗法、跑步、篮球、足球、攀岩等都可以，只要是你喜欢的。

重要的是，要在适合高敏感者的环境中进行。

这里有一些建议：

· 舒缓的节奏。

· 规律但不紧张的频率。

· 非竞争性。

·选择你喜欢的运动，可以自己单独练习或者和志同道合之人一起练习，而且你们的节奏方法要是一样的。

·控制强度，确保做完这项运动之后，还能留出足够的精力和能量去做其他事。

·如果觉得有必要的话（只有通过实践才能得知），在运动之后进行半小时的恢复，因为血清素的释放可能会导致身体出现困倦或麻木感，从而没有力气投入其他事情中。

·尽可能选择能在大自然中进行的运动。无论如何，都要去避免那些充斥着刺激的环境，如果你选择人满为患的健身房，加上电视屏幕和高亢的音乐，那么你大概率会感觉到烦躁。寻找一种能够让你注意力集中在运动上的方法，也可以尝试使用耳机或者耳塞加以辅助。

·尽可能在清晨或者下午运动，不要选在晚上，以免改变荷尔蒙和神经递质的神经生物学自然节律。

·不要利用午休的时间来运动，这可不是一个好方法！

·和动物一起锻炼可以事半功倍：骑马甚至和自己的宠物狗一起跑步。

·游泳是一个不错的选择，因为在和水接触的过程中，它能将你拥抱、包围，能够提供动觉刺激。

·如果你是追寻刺激的高敏感者，需要强烈的刺激，那么不妨推自己一把，去投入一个能实现自己能力的目标。我记得一个高敏感者在结束课程后的一年内，给我发来了他获得铁人三项冠军的照片！

·如果你非常懒，那么无论如何要保证每天30分钟的快走，和你的宠物、朋友、伴侣或者独自一人，听着你最喜欢的音乐，科学证明，这是对你身体健康非常有帮助的灵丹妙药，并能从各个方面培养自身敏感性。

沉浸在高敏感之中

自愿沉浸于感觉和情绪之中，会带给我们更多的愉悦。

循环播放能让自己哭出来的音乐，花几个小时去看海，无数次重温能触及内心的一部电影，去一个充满回忆的地方，和一个朋友谈起往昔，坐在大树下的草坪上看着天空，做奶奶曾经教过的蛋糕，这些是我现在脑海中能想到的一些情景，也是我们平常有意识去做的事情。就好像有时我们需要沉浸于内心深处去寻找自己，然后由内而外，以一种更加强大且充满活力的状态重生。

对于正常敏感者而言，这可能就是一种折磨（"这首歌你听不腻吗？"），或者是在浪费时间（"为什么又是这部电影？你都快要背下来了！"），然而对于高敏感者来说，这更像是一种重新定位自己的仪式，就像小孩在睡前总是会听无数次同样的故事。我们体内正在运转的每个部位都需要进行加固，然后重新创建一种内部协调和稳定性。

在这个过程中，**沉默**是最好的盟友，而**孤独**则是理想的伴侣。

如今，这两个元素更多地被认为是一种禁忌，人们不懂得如何忍受沉默，并且为了逃脱空虚，不停地填满自己。同样，孤独感也使人感到惶恐，大家不惜一切代价去躲避这个恐怖的怪兽，甚至陷入有害或者功能失调的处境，或者选择通过社交软件来消除这种感觉。但对于高敏感者来说，这二者都是我们珍贵的朋友，能帮助我们保持身心的健康。首先，当我们在需要沉默或孤独的时候，只需要停止对其的恐惧感，并且不再为自己辩解。同时，我们还要学会欣赏它对我们神经系统的清洁和排毒功能，然后每日进行少量但是规律的练习，以此来保证自身敏感生活方式的健康运转。

———————　　　**现在一起来练习吧!**　　　———————

▼

空闲时间的备忘录

　　创建一个不同于常规的备忘录吧。你每周都有无数的待办事项，你也习惯对它们进行详细且精确的计划。但现在你要学会为空闲时间和减压活动留出档期。如果你不捍卫自己的时间，那么是没有人能替你来做这件事的，日常工作和责任只会吞噬你的这种需求。

　　你需要在一周或者一天开始的时候，列出"不做"和"不工作"的时间，然后你可以在这段时间内进行娱乐、放松、运动，或者就干脆什么都不干!

　　为你的空闲时间做出承诺，并保证它们的存在，不必先决定到时候要做什么。总之，先腾出时间。

　　如果你有家庭，那么也可以和子女一起建立"放松备忘录"，这可是孩子们的拿手好戏，而且他们会懂得遵守约定。夫妻或伴侣之间可以将时间进行整合，然后建立共同的空闲时间备忘录，这样就能"错峰"，即对方在你的空闲时间内不会进行打扰，反之亦然。

敏感关系

友情

通常来说，作为高敏感者，我们也可以成为他人很好的朋友。因为我们真诚、值得信赖，会认真对待这段关系；我们拥有同理心，在朋友需要的时候会陪伴在旁，是很好的倾诉对象；我们能设身处地地为他人考虑，并给出好的建议。所以如果你碰见一个高敏感者问你近况如何，那么他是真的想要听到你的答案，也会问你是否感觉幸福，当你说话的时候会看着你的眼睛，如果从你的表情中捕捉到了变化，他们还会问你是否一切安好。

可是，问题出在哪呢？

这里有一个陷阱，我们总是期待能够得到同样的回应，但却忘了大多数人并非高敏感者。

我们非常珍视并且看重友情，是这种关系的绝对主义者。我们付出很多甚至是全部，但却忽略了自己。我们对理想的友情有非常高的要求，因此时常会感觉失望，被误解或者被背叛。这就是作为高敏感者会犯的错误之一，我们忘记给自己设置界限，忘记关系是对等的，是互相作用的。

对于我们来说，在一段关系中进行付出和给予都是自然的现象，却忘记了并没有人要求并期望我们如此，而我们这样做也仅仅是因为性格使然。如果我们意识不到这点，不去设置界限，就会在无意识中累积对朋友的期望和要求，只要他们不是以我们期待的方式陪伴在旁，我们就会毫无疑问地陷入对其深深的失望中。

我们因为害怕冲突，而很难表达出自己的痛苦和沮丧，我们更倾向于通过孤立自己的方式来逃避困境，并且不做出任何解释。可是这样的话，不仅会使朋友无法理解我们的行为，也会加深我们在他人心中奇怪、善变、脆弱和难以捉摸的形象。

"甚至现在我也经常会想起我的朋友劳拉。在小学的时候我们就密不可分。我们会相互通信，言语中充满亲切和信任。我也从未忘记随信附上礼物，带香味的橡皮、一包贴纸、小小的钥匙扣等，信封总是胀鼓鼓的，有时甚至封不了口。即便我们每天都会在班级中见面，但还是会在每周固定的时间交换书信，我们总是有说不完的话。我知道生活总是会将我们分开，然后各自走上不同的道路。大学，不同的城市……但我又确信我们永远都不会分开，会一起在海边买房住下，会一起抚养我们的孩子……"

"所有——非常——总是"，这是我们的口头禅，如果没有意识到这点的话，它其实会对我们的行为产生引导。

渴望一段关系的绝对和深度，会让我们对此变得更为严苛，即使我们的本意是付出和给予，但最终也会感觉被掏空，并累积怨恨。因此有时候，一段关系可能就因为一次小小的被冒犯而在突然之间破裂，他人当然无法了解这个爆发点其实只是冰山一角，我们的失望和沮丧早就开始累积。可是这样我们也会冒着和现实脱节的风险，所以我们需要培养自己的灵活性，并训练自己的相对化能力。

"我总是先给朋友发消息问候他近况如何。但是对于他而言，就算我们几天不联系，好像再见面也没有什么不同。"

最重要的是我们要了解，没有人能完全地回应我们对亲密的需求，我们应该学会由衷地欣赏每个朋友的独特和珍贵。学会看到每个人最好的一面，并用不同的方式对待不同的人，这不是肤浅，而是求实。留给朋友足够的空间，并且允许他们以自己的方式待在我们身边，哪怕是我们不了解的方式，也可能帮助我们提升自我。

"我不明白为什么有些人的相识如此肤浅，比如健身房的朋友、聚会中的群体、工作中的同事兼朋友、舞会上的朋友、需要结伴时的搭档……我觉得这是一种贫乏且肤浅的交往。这根本不是友情，就只是单纯的经常往来，友情完全是另外一回事！"

"我不能忍受那些一见面就问'你好，最近怎么样了'，然后就开始滔滔不绝谈论起自己的人，其实他们根本不关心你到底如何。"

"和同事一起进餐是最糟糕的时刻之一，大家都在谈一些鸡毛蒜皮的事情，从一个老生常谈的话题转移到另一个老生常谈的话题，从脸书上愚蠢的新闻转移到道听途说的传闻……而这一切只是为了制造出声音，装作自己很有趣，也很会社交，然而实际上每个人都专注在自己的事情上，我真的受够了这些……"

我在患者身上所发现的迹象，很好地解释了这种高敏感关系的特征：

·相较于数量（和很多人有所往来，但很少有较亲密的关系），更倾向于质量（和少数人往来，却有更深度的关系）；

·**专注在深度上；**

·无法忍受肤浅；

·通常来说，我们在**一对一**或者**小群体**中会感觉较为舒适，而在人数众多的团体中，我们经常会被忽视，但这中间也有我们性格的原因，我们会习惯性地后退一步，从而孤立自己。

当然，如果我们想要更好地提升自己的敏感性，那么应该训练自己倾听内心的声音，包括在一段友情中也是如此。如果和一些人出去会让我们感到不自在，并且迫切地想要离开，又或者觉得在这段关系中不能做自己，并且这种情况还不止一次地发生，那么即便他们是我们唯一的朋友，我们也应该停下来问问自己：

如果我继续和他们来往，这是一种健康的关系吗？

当和这些人在一起的时候，我的敏感性是得到了滋养还是折磨？

有时候我们应该鼓起勇气去清理一些关系，因为只有这样做，才能把空间腾出来留给对的人。

我接下来要说的事情，可能会让很多人觉得有点极端或者自私，但却非常必要和有益：我们在对待关系时应该学会选择。我们从来不会吃发臭的食物不是吗？

那为什么在对待友情上会有不同的态度呢？

有选择性只是意味着认真选择出对我们有帮助的人，并避开会对自身造成伤害的人。我们应该监控身体和思想上的感觉，这或许看上去有点自私，但是这却是健康的自私，我们也可以称之为自我保护。只有我们自身感觉良好、专注、可靠、平和，才能够建立起一段同样良好、牢靠、平和的关系。

伴侣

如果谈论这个话题，可能需要单独出一本书。依据我的经验来说，夫妻之间的相处模式并不能评估出哪种是更好的、哪种是坏的。我们应该意识到所有的组合方式都会给自身带来能量和困难。

一个高敏感者可能会爱上另一个高敏感者或者正常敏感者，甚至也可能爱上另一个极端的人，即那些很难产生共情的人。

不是说双方均是高敏感者的夫妻会比只有一方是高敏感者的夫妻更加长久。

这两者的区别其实在于，夫妻双方均为高敏感者的话，他们就更能尊重对方的高敏感性，在这种情况下，自身敏感就会被当作一种特性和能量而非一个问题来看待。

当然，一对高敏感者夫妻的共情能力会处于同一层面，也拥有相似的语言，这样有利于他们互相理解，他们拥有共通的情绪和感官词汇。阿伦曾经在实验中证明，这点是防止冲突的要素。因此高敏感者—高敏感者模式的夫妻会比高敏感者—正常敏感者模式的夫妻更少吵架，他们之间的误会更少、敏感性更相似、更愿意理解对方，因为他们能互相感知，而且自身的同理心能得到回馈。

　　"我们聊天能聊好几个小时，他似乎总是能预料到我的想法，我们看待事物的方式也相同，和他在一起简直就是天堂……"

　　但是双方均为高敏感者的话，也会存在一定的风险，他们在一起就像是在照镜子，很容易陷入一种封闭的境况，比如当其中一个人陷入危机的时候，另一个人也会跟着崩溃，一个人的痛苦会在另一个人身上进行投射，相较于彼此支撑或者互补，他们只会导致痛苦加倍。
　　另一方面，高敏感者和正常敏感者形式的夫妻在相处时会面临更多的复杂性，他们需要花费更多精力才能在两个不同的世界中搭建一个共通的平台。有时候，他们对于现实的理解会出现很深的分歧，如果高敏感者的另一半还未发展出对自身的认知和良好的情商，那么高敏感者所具备的同理心则会导致这段关系出现失衡，特别是会对对方产生疲惫感。在这种情况下，高敏感者可能会为了迁就对方，或者自以为了这段关系好，而放弃那些不被对方认同的感受，高敏感者可能不再相信自己，不再用自己的感知和方式来阅读现实，褪去了自身的真实性。而在其他情况下，当需要建立亲密关系的时候，高敏感者的敏感性或许会得到对方的滋养和建设性发展，然而，当伴侣关系出现问题，或者在高敏感者要求另一半进行个人成长的时候，敏感性则可能会得到贬低。

当然，这种组合形式的夫妻也很特别，他们代表着一种特别的发展性挑战，这也是一种对自身内在成长的挑战，能够彼此学习了解，以调节二人之间的距离和亲密度，并互相约束不要超过对方的界限。

自然，在任何情况下维持婚姻生活都并非易事，都需要持续的照顾：爱、信任以及尊重彼此的差异，这是经营一段健康、长久关系的不二法则。

我们之前关于友情的讨论，其实也适用于伴侣关系。

"当我陷入热恋的时候，就会逐渐失去理智……感觉自己的幸福完全取决于另一个人，这让我感到非常焦虑。"

高敏感者倾向于没有限度的付出。高敏感者拥有细腻的感知，渴望亲密关系，能够进行自我建设和成长。但同时，高敏感者也很容易受伤，我们敏感性中所存在的微小细节很难被理解。无论是对高敏感者自己，还是对那些选择和我们在一起的人来说，这些都是需要考虑的地方。

高敏感性就像一个"完整的包裹"：要么接受它所包含的一切，要么这段关系就会变得更为复杂。一个高敏感者作为伴侣能给这段关系带来更多特别的能量，但同时也会需要更多的"维护"。

高敏感者在陷入恋爱时，会产生**皮肤之下**的情绪，可能是愉悦的，会让这段关系更加温暖、包容和亲密；当然也可能是困难的，这也是一对伴侣所需要去接受的。

高敏感者懂得**解码伴侣的情绪**和感觉，因此高敏感者的伴侣需要知道的是自己的内心世界总是能被对方所察觉或者直接被暴露在对方面前的。

性对于高敏感者来说也并非易事：如果要建立一段亲密关系的话，那么不仅需要情感上的联系，还包括思想上的；高敏感者还可以被定义为高智商控（sapiosexual），即对于他们而言，在性关系中智力上的共鸣也极度重要，并且彼此的同理心、互相认知和对话其实都是在为这段关系进行铺垫和扩展。

对于高敏感者来说，**讨论**的体验感通常都是非常痛苦和紧张的，高敏感者在这些冲突中会感到压抑、担惊受怕，他们可能会变得过于活跃，或者像刺猬一样把自己藏起来，不过无论是哪种情况，高敏感者都能感受到源于内在的剧烈崩溃。并且，如果问题得不到解决，那么在接下来的几天中，这种崩溃大概率会以躯体化的形式体现，甚至直到症状消失之前，我们都不知道去照顾它。

高敏感者会**过多地投入在话语**、对话、理解、解释与自我解释上面。但是我们需要对这种自身能力进行有意识的管理，并适当地加以限制。

高敏感者是恋爱中的**绝对主义者**，并且会从一种非常浪漫的角度来看待生活，他们想要为所爱之人付出所有，但同时也会要求同样的回报。一段肤浅的关系会让他们感到不安，同样，如果面对众多的追求者，高敏感者也一样会觉得烦恼。

高敏感者通常被正常敏感者看作是一个需要额外关注的群体，然而实际上，高敏感者只是更**擅长和自己脆弱的内心保持联系**，其实我们不必羞于展示这一部分，也不必害怕向他人求助。

高敏感者经常会在无意识中向正常敏感的伴侣传递一种期待，并以自己的速度和深度"运行"，但却不知道这样会让对方感觉到不适。阿伦博士曾证实，正常敏感者和高敏感者的思考方式不同，不过可以通过阶段性地学习、训练或者强烈的动机驱使，帮助正常敏感者进一步了解高敏感者的特性，使二者的相处更为协调。

高敏感者需要通过**深度的对话**来自我滋养，需要知道伴侣的想法，需要"爱的话语"，需要时常思考这段关系，哪怕一切运转良好。而且，高敏感者很难将问题搁置不管，当无法直接将这种不适感说出来时，他们会通过自己的方式或者躯体化的语言来表达。

根据我的经验来说，牢记一些目标对高敏感者是非常有用的，我们也应该将此用于夫妻生活之中。

· 学会一加一等于二，而不是互相抵消，在给予和接收之间，在为别人着想和照顾自己之间找到正确的尺度。

· 敞开心扉而不伤害自己。当我们过度暴露自己的时候、当我们将自己柔软的部分展现出来的时候，要明白对方并不能或者并不知道如何管理我们的敏感性，甚至还可能对其进行贬低。

· 找到最佳的距离，就像叔本华的豪猪理论，豪猪们为了避寒而相互靠近，但很快又会被彼此的硬刺扎痛，从而又远离对方。因此，我们应该建立一种良好的关系，既能够做自己，也能够安放我们的敏感性，同时还能和对方待在一起。

· 懂得分开，很多人可能更愿意继续一段恶劣的夫妻关系而不是选择分开。但是，当你和对方在一起感觉不到幸福的时候，应该学会放手，并且接受这段关系的结束。

· 在同理心和保护自己之间找到一种平衡，在日常生活中或者处于危机时，我们要学会克制自己设身处地为他人考虑的念头，反之，要照顾自身的敏感性和需求，避免完全与自己脱离，避免最终走向崩溃。

·不要做绝对主义者，要学会接受没有人能够对我们的所有期待进行回应，也没有人能够完全满足我们的需求的现实。

·在对伴侣的理想化和失望之间找到平衡，学会从对方的角度来看待自身的敏感性。

·学会要求对方尊重我们的敏感性，要学会自我保护而非为自己辩解，并且如果对方做不到的话，就要学会远离这段关系。

·在感知所有和放手之间找到平衡，我们能够感知到很多阈限以下的刺激，但这并不意味着我们要对其全部进行解释或者停留思考。学会放手的艺术，自己来决定将精力用在何处、节省在何处。这对于我们高敏感者来说，无疑是一种挑战，并且是终其一生都要去做的事情，对于其他问题来说，这都是一种治疗方法。

这些都是我在工作中努力的方向，在我的工作室中，在对高敏感者进行个人咨询的时候，**绽放是目的**。因为高敏感者在成长之路上的目的不是要自我扭曲、迎合或者相互抵消，恰恰相反，应该是繁花盛开，并完全地成为自己。

我在临床经验中发现高敏感者更加偏好**远距离的联系**，甚至是**虚拟的**存在。因为在这种关系中，几乎不会产生身体接触，但同时在思想和精神上却非常亲密，这的确很符合高敏感者的理想化关系。

"和他在一起对我帮助非常大，他是我最好的朋友，是我的教练，也是我的男朋友。尽管我们更多的是通过通讯软件进行交谈，并且见面的次数很少，可是这一点也不重要。"

还有需要注意的一点是，有一些高敏感者甚至会**喜欢在敏感性上完全和自己相反甚至是有共情障碍的伴侣**。这只会让事情变得更为复杂。

而且我发现在这方面，自恋型人格对高敏感者极具吸引力，他们仿佛自带诱人的、灿烂的以及无法企及的光环，高敏感者从这段关系中抽身时，注定会经历一个自我破碎的过程。自恋型人格固然充满吸引力，且自身拥有丰富的个人资源，可是他们也会给一段关系造成阴影。在此，我借用一位相关专家翁贝勒塔（Umberta）的话，他在著作《Ho sposato un narciso》（《我和自恋狂结婚了》）中曾解释了自恋型人格的特征：

- ·对自我报告的事实感知；
- ·在自我形象上面投入很多；
- ·自尊心在崇高和蔑视之间摇摆不定；
- ·把逃跑看作自卫的方式；
- ·否认自身弱点；
- ·缺乏同理心或者同理心薄弱；
- ·难以忍受在一段长久关系中所存在的典型矛盾情绪；
- ·在夫妻发生冲突时无法担起自己的责任。

可以说自恋型人格是高敏感者极端的对照，因此我们会在无意识中将这个群体理想化，因为在他们身上，我们错误地以为看到了强大、冷静和不可捉摸的形象。同时高敏感者会承担越来越多的责任。因为在和自恋型人格的关系中，敏感的伴侣为了重建自身所渴望的和谐氛围，会去弥补对方所缺失的同理心、亲密感和认知，并承担起本不属于自己的责任，甚至不公平地把错误全部归因于自己，不过最终常以惹怒自己而收场。

在这些情况下，我们需要弄明白自己是否在重蹈覆辙，即在儿时与某些非敏感、冷漠、疏离或者目中无人的人建立过某种痛苦和失调的依恋模式，而现在你是否又在无意识的情况下，和伴侣在复制童年时所遭受的创伤。

除此之外，还需要扪心自问，在这段夫妻关系中，除了对伴侣的爱，你是否还在试图修复自己没能在父母那里获取的情感，并且努力将这段关系朝着完全不同的方向发展，也尝试从伴侣那得到"被爱"的感觉，可是你却没有意识到这是一个情感匮乏的伴侣。

一段成熟的恋爱关系对每个人而言都是非常重要的，它能修复我们儿时所受的伤害，也能建立一个全新且更为进化的方式：因为我们从小就和父母待在一起，所以自然而然会将他们爱的方式进行内化和复制。高敏感者和自恋者都是属于在爱中受过伤害的人，同时他们也渴望着爱。只要二者能意识到自己的这种自主反应模式，其实都可以为这段关系带来特别的品质。在这些情况下，从心理疗法的角度去面对这些动态，对于让夫妻关系变成建设性而非破坏性非常有帮助。

和自己的关系

如果我们将"孤独"换一种形容方式，说成是和自己待在一起，就没有那么令人害怕了对吧？因为孤独总是让人恐惧，会使自己陷入被抛弃、孤立的噩梦之中。

高敏感者很难意识到和自己的关系是所有其他关系的基础，是我们需要首先建立的。此外，孤独其实意味着能和自己保持良好的关系，爱自己，能为自己制造回忆，建立完整的自我，巩固自尊以及自我效能，但同样，我们也很难意识到这点。

对于高敏感者来说，自我陪伴是一种最深层次的养分和能量的来源。然而，处于隔离状态和与自己相处却是两件毫不相干的事情，而且有时隔离状态也并非出于自愿。

我们应该学会好好利用这种孤独，把它当成我们的游戏室。 在有需要的时候，就可以将自己沉浸其中，并且无须为此感到负罪和内疚。

我在工作室中，听到过很多人说如果没有伴侣就会觉得自己是不完整的。不过有些人则是渴望能独自做一些事情（去电影院、展馆，或者独自去度假几日），可他们却又害怕受到他人的评头论足，他们自身存在着一种奇怪的想法：如果独自一人出行，就意味着这个人是不正常的、不讨喜的、是不幸的，甚至是你能想到的所有糟糕的词汇都能加以形容的。

独自一人去做这些事情，并不意味着你在这个世界上就是孤身一人。

在一些语言中，孤独有着非常丰富的表达词汇，能够传递出不同的情绪，甚至能体现出每种情绪之间的细微差别。在英语中，有一个非常优美的表达——on my own，表示独自一人。在葡萄牙语中，有saudade，表示怀旧的忧郁感，这是一种非常浪漫的孤独，可以感受到来自内心对于已经逝去之事的强烈怀念。在德语中，有Waldeinsamkeit，形容一种独自走在森林中的感觉。在芬兰语中，有个词是kalsarikannit，专门用于形容独自在家饮酒。相较于美国而言，欧洲文化对于孤独的解释往往更加浪漫且富有创造力（浪漫主义诗人，波希米亚主义），而这些都是我们文化和精神的一部分。心理学家萨雷·穆西奥（Sale Musio）曾深入研究过创造性人格，并且表明："在虚构的集体中，孤独就代表着很难与他人分享，那么在社会化进程中，这或多或少是一个严重的问题。但是在心理事实中，我们只有拥有了自我陪伴能力，才能听到自己的内心世界，并取得经验和智慧。"所以拥有独自一人的能力，是保持情绪平衡和心理健康必不可少的前提。

现在还有一些关于孤独的最新研究，表明只要是适度的孤独，我们就应该怀着喜悦的心情去迎接它。"只要我们做到自己应该做的，即和他人保持联系，此时如果产生孤立感，其实对自身是有积极影响的"，德国心理学家梅克·卢曼（Maike Luhmann）为此解释道，"这是我们心理发出的信号，以此来提醒我们内部出现了故障。"

高敏感者是天生的利他主义者，习惯付出，拥有同理心，这些特性会迫使我们去照顾别人的需求，仿佛那才是我们的需求，甚至会因此忽略了自己。因此，想要能够清楚地识别出自身的需求、调节神经系统的激活阈限、清理过度的刺激，以及有时间重新集中注意力，自我陪伴无疑就是最好的解决办法。

——————   现在一起来练习吧！   ——————

▼

通过以下章节的练习进行训练：

- "同理心和界限"
- "训练注意力"
- "身体减压"

训练和自己的关系

·不是说需要每天抽几个小时来进行独处，而是偶尔花一点时间，哪怕半个小时就足够了，如果你愿意的话，一个小时也行，并且远离电脑、手机和电视。

·开始独自做一些小事，不需要太大，比如买东西、购物等。

·当你需要他人陪伴的时候，需要注意这种念头更多的是出现在你心情愉悦的时候还是不悦的时候。

·从你自己的角度观察周围的人，在酒吧、餐厅……不带偏见地看他们，把他们当作你需要学习的对象。

·当觉得自己被观察或者被评判时，要知道这种感觉其实并非真实的，更多时候只是源于你内心给自己的评价，源于你带着一种贬低的目光看自己。

·如果你准备就绪，那么就开始尝试提高自我边界吧，在不是那么拥挤的日子里，独自前往电影院选择一部影片，然后好好享受它；

带上一本书，独自去海边待上一天；如果你喜欢的话，为什么不选择
独自去餐厅吃饭呢，无论是从内在世界还是外在世界，你都能发现它
美妙的一面，正是这个总是让你望而却步的世界，往往也是巨大灵感
的来源。

敏感交流

在和亲近之人沟通交流时，尝试把所遇到的困难以日记的形式记
录下来。

与谁进行了沟通？什么主题？描述出来……	遇到的困难是什么？	你真正想从这次交流和对话中获得什么？	你实际上得到了什么？	对方真正想要的是什么？而实际得到的呢？	在过程中你感觉如何？之后呢？
和我的丈夫一起商量度假的选择……					

工作和敏感性

难以共处

有一些学者曾在书中强调，高敏感者会很难适应一些工作场合，他们认为那种环境中充满敌意。竞争、严格的制度、职业评估还有持续不断的声音和没完没了的被迫性谈话，这些都会使高敏感者精疲力竭。我们卓越的能力很少能得到赞赏，相反，在某些环境中还总是被贬低，被认为是生产力有限的表现。

事实就是，人只有处于最有利的环境中才能做到最好。尤其是高敏感者更是如此。

"在周日的晚上，我时常会陷入一种不适和焦虑的情绪中，想要藏起来，甚至还会开始念旧，虽然我的朋友们在周一看上去也精疲力竭，但是我认为这两种感觉是不一样的……可是我又不能把这种观点和他们说，否则我会被取笑的……"

对混乱的敏感

工作环境中的喧哗、嘈杂、强光以及各种渠道（面对面、电话、邮件）的互动交流，都会造成我们神经系统的过度兴奋。由于我们需要不断强迫自己去适应这种不利于自身特性的环境，导致我们相较于他人更容易感受到身体和精神上的疲劳。

"办公室的开放空间会让我非常烦躁，那里的人声、电话声以及不间歇的脚步声都让我无法集中注意力。最后我鼓足勇气，听从了内心的需求，当我需要安静和集中注意力的时候，我就会带上自己的东西前往会议室，或者其他空房间来继续工作。"

对过多需求的敏感

还有一个关键性因素就是，高敏感者能在工作环境中预知很多的需求，因为我们的同理心和敏锐的洞察力能够捕捉到尚未被明确表示出的需求或者请求信号。我们就像一个"雷达"，能够率先拦截在工作场合中出现的任何变动、故障或者问题。不过这会让我们一直处于警惕和焦虑状态，并且在无意识中承担起他人的职责。我们之所以这样做并不是为了取悦他人，而是因为天性使然。从长远来看，这只会让我们更加压抑。

"邮件总是会在草稿箱内存放好几天，特别是当我察觉到某些邮件中隐藏了很多没有说出来的问题或者没有明示出来的要求，但又不得不回复时，往往更加困难……在发送之前我会将邮件进行多次的修改，然而尽管如此，在最后发送的时候我依然会感到紧张。"

　　每个人都需要在工作中得到认可，感受到自身价值，才能更加有效率并全力以赴。高敏感者除此之外还需要更多，他们还需要一个真正的栖息地，那是一个可供高敏感者盛开的地方，而且无论是情绪上还是心理上，都能觉得自己充满了生产力和创造力。因此我们每个人都有责任为自己创造出有利的环境，去评估职业氛围是否和谐，保证没有可以继续改善的空间，而这些都能帮助我们提升生产力和幸福感。

对过多暴露的敏感

　　我们经常会陷入一种惰性以及害怕暴露自己的状态。这通常发生在我们找工作或者正在工作的过程中，我们不得不去做一些重复或常规的事情。更别说除此以外还需要去面对同事或老板。

　　"我正准备去我朋友工作的地方递简历。当走到公司门口的时候却发现朋友并不在办公室。然后我就没有进去，但是也没有去问什么时候能够找到我的朋友。仿佛有什么东西阻碍了我，最后我的双脚自己就走回家了。"

对权威的敏感

　　有时候当我们不得不去面对一些无论是公认还是自认为的权威人士时，都可能会冒着对他们殷勤或者一味顺从的危险，有时候甚至无视了自身的权益。

　　"我想和老板谈谈，想知道他对于和我续签合同一事有何看法。

然而我需要等待正确的时机，我查看了他的计划表，把时间确定在几天之后的一个下午，但是，我后来却并没有做完手上的工作，因为我一直在焦虑地等待。

我准备好了开场白，以防我当场不知所措。然后我去了……

我发现自己能够做到，我可以提出要求，我不是无名之辈，我是存在的，我的声音能够被听到……我真的非常开心！"

对角色的敏感

我们不仅会对他人的角色敏感，还经常忘记自己身上所承担的角色。我们更倾向于做一些可以独自完成的工作。因为伴随一个角色而来的，还有与之匹配的能力和认知，独自工作能够避免我们过多的个人投入，就好像一件制服，在穿上和换下之间，就能够让我们意识到界限的存在。

对评估的敏感

部分职业平均每六个月或者更短的时间就会对职工进行一次评估。随着评估时间的临近，我可以看到如期而至并反复发作的躯体化反应，如焦虑、失眠、胃炎等。如果我们不发展自己的自尊心、注意力和自信，就很容易成为这种自主机制的受害者，从身心健康角度来说，就会造成非常不好的影响。

发挥我们的特征

依据我的临床经验基本可以确认，高敏感者的工作环境中若存在着过度竞争、评估和利己主义，对他们而言是非常不利的。同样，一

个疏离、高度机械化或者极为混乱的工作环境也会对高敏感者造成困
扰。但这些陈述并非是绝对的，很多高敏感者其实非常有效率，他们
十分坚定，并且能集中注意力，也许在他们的童年和成年生活中自尊
都得到了很好的滋养和巩固，这些高敏感者喜欢并且也有能力担任非
常重要且有压力的角色，因为他们将此看作对自身成长的一种刺激，
他们认为工作上出现的挑战是对自己的挑战。而这都取决于对自身敏
感性的关注和照料，以及是否把它当成一种礼物来对待。这也是我不
断向大家输出的一个概念。

　　基于此，高敏感者担任经理或者老板的角色也就并不罕见，他们
的领导风格自然不太可能是独断的，而是更多地发挥出一些自身特有
的功效，如同理心、分享以及创造出一个好的团队。

　　戈尔曼（Goleman）认为一共存在六种类型的领导风格：

　　·**愿景型领导**，向员工分享他们的使命和愿景，并为了实现最终
目标，而在公司中营造出非常积极的氛围。

　　·**教练型领导**，在公司使命和员工个人的需求与价值之间建立联
系，提高员工素质。

　　·**民主型领导**，重视每一位员工，在做决定之前会寻求他们的支
持和建议，并创造出一种强参与感的环境，让团队中的每个人都有自
己的责任和价值。

　　·**亲和型领导**，他的目标就是在团队之间创造出和谐的氛围。

　　·**领头型领导**，先驱者，带领团队一往直前，并且专注在目标上。

　　·**专制型领导**，更愿意受到员工的尊重而不是喜爱。以明确或者
隐晦的方式，将公司愿景强加在员工身上，造成一种不对等的关系，

并且不允许任何反驳。以强迫的方式推动员工（"我不接受失败，否则……"），在这种氛围下，大家都会因为害怕让老板失望而几乎不愿意去承担责任。

　　我经常会碰见一些敏感性格的老板，都是属于前四种风格，他们也不会试图用另一种方式去扭曲自己。

　　我还记得有一位高敏感型人格的经理人，他是一位大公司的负责人，在每次收购新公司之前，他都会花些时间待在新工厂内：

　　"我不认为这是在浪费时间……我一般会花上一天的时间和那里的员工相处，去倾听、去观察他们的工作；我也想认识他们的经理，然后和老板进行沟通交流。我并不关心合并或收购的预算，因为这块有专业的顾问来负责。我想要了解的是这个公司的真实情况，而且在接手之前，我还需要知道它的潜在价值以及工作环境的情况。"

　　同样，正如我们之前所说，高敏感者中也有外向性格者，他们并不害怕在公众场合演讲，也不害怕引起别人的关注，他们也可以在很大的压力下工作。如优秀的销售和代理，都能够充分了解和评估客户的需求，然后为他们提供产品和解决方案。

　　"我之前按照客户的需求，提交了一份设计预算，客户也因此对我有所赞赏。但是之后我又对其进行了反复的思考，脑海中出现了一些其他想法，接着我学习了最新的设计趋势，找到了不同的材料，最后当我面对这份完全不同但却充满创造力的设计时，难免有点沮丧。所以在最终呈现的时候，我其实很害怕，不过幸好客户对此很满意。"

因此，我们要注意，作为高敏感者，不要对任何角色带有偏见，无论我们是否有可能去担任它。

我曾多次读到有人提及高敏感者的同理心和敏感性会很适合从事艺术类和创造类的工作，以及照料和帮助他人的工作，并且这些工作都可以独自或者在小组范围内进行。当然，有很多艺术家都是高敏感者。包括很多的作家、老师、心理学家、创作家和音乐家也是高敏感者。但是这种约束性让我觉得困扰，而且我发现这和现实情况其实有所出入。丹尼尔·平克（Daniel H. Pink）是工作动机领域的专家，他也认为高敏感性在未来的智能组织架构中非常重要。他表明现在大型公司和组织的结构都在发生改变，他们需要更加有**直觉、创造力**以及对环境**敏感**、能预测社会需求的**人力资本**。平克认为，"右脑的能力"对于感知和预测新市场会是一个非常有效的工具。如今的工作环境更需要独特和优秀的人参与其中，创造力和直觉则是两个非常有力的资本。

而高敏感者则是一个理想的对象，他们富有远见、直觉，能够一眼看穿事物的本质，且不会带有偏见或者轻蔑之情。高敏感者具有反思性，能够创造出一种良好的社会环境。他们是警惕的，在所有事情中追寻卓越，并能用创新精神去感染其他人。

我的工作也通过不同形式来呈现。对于那些来寻求专业帮助的人，我们在工作室一待就是好几个小时，环境舒适且安静，然后进行一对一的治疗。其他时间，我大多都在电脑前写作。但是作为高敏感者，我在有些环境中还是不能够做到自在，比如我在教室里对30位经理进行公司培训的时候、在超过百人的剧院和公众场合讲话的时候或者在法庭上担任一位技术顾问的时候。再者，这些活动都涉及需要自我照顾、清理，以及减压的时间。

在更年轻的时候，我还不能很好地管理自身的高敏感性，刚开始工作时也不懂得高敏感者在这个现代世界所需要的是什么——其实就是一种能让我们继续待在幸福区域内的"个人卫生"。以前，我早上在教室上完课后，只是匆匆吃下三明治就开车或者乘车回到工作室，因为下午还有患者前来拜访，到晚上我常常会觉得不堪重负，甚至伴随一些身体征兆，比如头疼或者肌肉疲劳，一般情况下我差不多能在九点睡下，但如果白天受了过多刺激，那么就会很难歇下了。

随着时间和经验的积累（在明白什么才是适合自己的方式前，我真的经历了很多糟糕的时刻），我学会了自我衡量、估算精力、提前规划好空闲时间以及自我克制。如今，在拥有了15年的历练之后，如果再出现上述所说的情况，我就会把前一天或者后一天作为"缓冲带"，用于休息或者娱乐，但是无论是哪种，所有活动都不具有目的性，如果可能的话，我还会把待办事项和空闲时间交替安排，不碎片化但也不单调。我们要记住，作为高敏感者，总是需要被正在做的事情刺激，否则会很容易陷入与现实所隔绝的"陷阱门"。

"我不能改变风向，但却可以通过调节风帆来航向自己的目的地。"

——埃利芙·沙法克（Elif Shafak）

学习

　　"对我而言，在大学时期去教室自习基本是不可能的事情。我只有在上课的时候才会去教室，然后就回家学习，因为我只有在家里才不会被其他人干扰，才能获得完全的安静，并且也能拥有属于自己的空间。"

　　你们还记得之前所讲述过的注意力吗？一心多用的风险。将注意力同时分散在多种刺激上，就会导致结果的贫瘠。我们之前就说过，注意力应该每次只集中处理一个刺激，如果将其分散的话，那最终就会失去理想的结果。作为高敏感者，我们应该知道自己拥有特殊的大脑构造，能够同时感知周遭环境中所存在和潜在的各种刺激，并且会下意识地进行深入理解，这将耗费我们大量的精力。

　　"我为了准备考试而转战到地下室进行复习。不过当我母亲下来晾衣服的时候，我非常生气……她为什么不理解我？然后我向她解释说，我需要安静。

　　她认为我非常奇怪，并且说自己又没有做错什么，她只是下来晾衣服。我也知道确实如此，但是之后我又要花很长时间才能重新集中注意力。"

　　当我们需要学习或者掌握某项新技能时，这些情况都有可能会出现。

　　但远不止于此，从生理上讲，如果我们在尝试回忆某事的时候分心，那么记忆只是会被暂时性打断，在这之后我们还能重新回到之前的事情上。但如果是在学习全新事物的时候分心（这里我们拿学习来举例），那么就很有可能回忆不起来刚刚所学，甚至好像从来没有掌握一样。之所以会这样，是因为对于全新信息的解码和理解需要时间和注意力的配合，对所有人都是如此，特别是对于高敏感者而言。

因此高敏感者为了让注意力只集中在想要学习的内容上，就需要创造一个良好的环境。

在接下来的练习中，你将会找到一些有用的建议和方法。

——————　**现在一起来练习吧！**　——————

▼

通过以下章节的练习进行训练：

- *"同理心和界限"*
- *"区分形势、思想、感觉和情绪"*

学习效率

·用短暂的休息把学习进程间隔开：学习15分钟——休息3分钟；学习30分钟——休息5分钟；直到最多能学习50分钟——休息10

分钟。从生理角度来说，这是为了保证最佳的效果，因为这是人类注意力集中的最高时长，否则我们将会陷入错误或者过度分心的状态。设置一个闹钟或者计时器，这样你就不用担心时间的流逝，只需要专注于自己。

· 使用耳塞来屏蔽噪音。

· 避免因为声音刺激而分心：不要听音乐，哪怕是舒缓类的，不要听收音机，也不要听他人说话；如果你是一名高敏感者，那么在你学习的时候就需要变成一位闭关的僧人；同时将你的需求解释给同一屋檐下的人，如果有必要的话，可以将自己封闭起来。

· 避免视觉刺激：绝对不可以看电视，并且也不宜将书桌放在窗前。

· 休息一会儿，然后站起来走动：看看窗外，放空几分钟，让有点飘忽的注意力得到恢复，喝杯水、倒杯茶、和他人闲聊两句都是可以的，但不要超过15分钟。这些都会对你很有帮助。

· 拒绝咖啡和香烟。

· 避免学习到深夜：这会导致过度的兴奋，从而妨碍到睡眠，并且会影响内容的巩固以及长时间的记忆。

· 有策略地进行学习，了解最新的方法（可以在网上找到很多）：图表，思维导图，颜色，荧光笔……这些都能帮助你集中注意力。

· 选择手写计划以及纸质书：电子书和电子表格并不能帮助你学习。神经科学证实，负责学习和记忆的大脑区域与支配手部运动的区域紧密相连。这就意味着手写能够帮助我们更加轻松地学习。

· 如果你不得不通过电子屏幕（电脑、平板电脑、手机等）来进行工作学习的话，那么建议你在休息的时候，对眼周的肌肉进行放松锻炼。用眼睛在你周围固定一个点，再固定一个离你比较远的点，然后调节好焦距，来回地看这两个点，最后眼神回到两点之间的点上，就这样做几分钟。

高敏感的构造与福利

高敏感者的情绪

　　我在十多年的职业生涯中，帮助过很多高敏感者，而且我本身也是一名高敏感者，再加上自己花了很长时间来学习和管理这种特征，所以我注意到了一些在**高敏感者**身上表现出来的共通**行为方式**：

　　·有脚本，即使在不同的情况下，却采取相同的模式来处理问题；

　　·一刀切，我们将其运用到所有生活场景中、工作中、夫妻关系中、和朋友相处时、教育孩子时、我们的空闲时光、运动中、所有的日常生活中；

　　·大多是自主发生的，是在我们完全没有意识到的情况下的或多或少的非自愿行为；

　　·结果并不尽如人意，事情总是以令人沮丧的方式结束；

　　·当我们意识到这并非良好策略之时，往往为时已晚；

　　·如果我们下一次不对其进行修正和管理，那么一切又会重蹈覆辙。

你也有同样的感受，不是吗？

幸福区

不管在哪种环境中，我们都希望能够一直处于幸福的状态：专注、赋有创造力、平和、对刺激能做出有选择性的正确回应、不过度兴奋、没有竞争压力，也没有烦恼并且不会被抛弃。这种状态能在你生活的方方面面中得到体现，比如夫妻关系中、工作中、子女相处中、社交场所以及所有娱乐活动中。这种状态也就是我们所说的，**高敏感者的幸福区**。这是一种值得感恩的状态，也是我们所追求并且希望能够一直维持下去的目标。但永远停留在幸福区却是不现实的，因为还有很多事情等待我们去完成，还有很多的关系要去培养。而且生活中还会出现很多不可预见的事情以及一些紧急的情况。我们要面临的问题很多，准时、匆忙、时间限制、自身的完美主义、跟上节奏、不允许失败、是否让别人满意、解读他人的失望、预测问题、寻找解决方案等，如果我们不好好进行管理，那就很容易失去平衡。

不适圈n.1：以"全开"的方式运转，从幸福到崩溃

我们在本书的第一章就提到，高敏感者的大脑运转方式和其他大部分人有所不同。我们的大脑有一个类似于开关的装置：**全开/全关，开/关（on/off）**。不知道大家是否还记得关于高敏感者的座右铭"所有——非常——总是"。我们在工作、家庭生活、日常杂物的管理、期限处理、各种关系打理、子女相处以及娱乐时，都会在无意识中打开"on"开启键。所以如果我们没有认识到自身敏感性，而且也不加以管理，那么在大部分时间里都会处于"全开"的状态。在这种

模式下，就非常有可能接近**危险区**，并且开关还有被烧坏的风险，即导致自身的精力耗竭，不过在这一步，我们仍然有可以回旋的余地。

当我们感觉到老板所提出的要求超过自身能力，当伴侣的行为对我们造成伤害，当那晚的餐厅不是我们喜欢的，当通过的提议不是我们所想，当晚上回家时地铁上的闲谈声使我感觉烦躁，当身体开始感觉不适，种种迹象都表明了我们正处于**危险区**。

在这些时刻，我们只想按下暂停键，然后躲回安静的房间。但事实却是，我们并没有为自己发声，也没有去做些什么来自我保护，反而只是让"**全开**"这种状态持续下去，我们希望能成功，甚至有时候会假装强大，并不断责备自己："你总是这样！别人能成功，你就不行吗？总之，咬牙前行吧！或许你如此痛苦只是因为你拥有影响力……不，你只是软弱！你真的太软弱了！你应该对这件事情说不……但是其他人会怎么看我呢？"

同时伴随而来的总是这些冗长又令人讨厌的自言自语。

崩溃区

令人失望的结果往往是不可避免的，我们也知道很小甚至微不足道的事情就可以让自己陷入困境。

在最后一刻赶上火车、在快下班的时候同事来找我们帮忙、交通堵塞、购物袋破损后所有物品掉落在地、炉子上的晚餐被烧焦、和伴侣产生小误会、小孩的任性吵闹、一次时长过久的通话，往往就是这些简单而琐碎的事情让我们爆发、哭泣、愤怒甚至自我同情。

此时，我们已经走进了**崩溃区**。

其实到这一步的时候，我们能做的事情就已经很少了。我们超过了身体上的、精神上的限制，但这都不重要了。我们此刻唯一的想法就是，停下来吧，去睡觉吧，昏过去，消失在这个世界上。或者，我们把自己关在半明半暗的房间里，感觉一切都安静了下来，再也没有人来打扰，我们甚至会像打开了水龙头开关那样放声大哭。再或者，我们会对着某个人或事物发泄，消耗掉我们仅存的一点精力。

然后，我们将按钮调到了**"off"关闭键**上。

但这样做并没有多大帮助，不是吗？我们首先伤害的还是只有自己。

我们无法得到休息，也不能真正地脱离这个世界，因为哪怕能从精神的过度活跃中得到短暂的喘息机会，扎针者总会如幽灵一般出现，让我们感觉如坐针毡、如芒刺背，为自身的失败而内疚，为自身的作为而羞耻，并且为修补现下的情况而焦虑。接下来这些话你是否听过无数次，无论是自己说的，还是身边人说的："你总是这样""有你自己的问题""但是谁又理解你呢"。我们总是陷入被孤立和被误解的状态之中。

在这个阶段，我们可能会体验到一些不愉快的感觉，甚至觉得灵魂出窍，或者感觉脚完全不着地，身体有一种漂浮感，而大脑则像是被头盔所罩住，或者出现溺水感，或者感觉与世界格格不入，处于一种被孤立的状态。这些现象类似于分裂和幻觉，但却是高敏感者的一种超越自身界限的保护和防御机制。而且如果这个阶段频繁地出现，那么我们就会有一种焦虑危机感，它可能不会导致真正的疼痛袭击，但却有可能诱发抑郁反应和社交恐惧。

崩溃状态可能持续几个小时甚至一整天，并且如果发生的次数愈加频繁，那么要恢复到**幸福区**也就愈加困难了。

不适圈n.2：以"全关"的方式运转，从幸福到崩溃（再一次！）

在高敏感者身上出现的第二种模式与第一种完全相反，但最后却同样会导致不幸的结果。在这种模式下，高敏感者所采取的策略是尽可能地限制压力，减少所能感知到的刺激，拒绝经历更多的抑制反应。我们将这种与"全开"模式相反的模式称为"**全关**"或者"**off**"。此策略是想通过控制那些可能导致我们陷入危险区的情况，来让我们更长时间地待在幸福区。但这些情况本身并不会导致自身的超负荷甚至崩溃，因为其根本原因在于我们选择如何去面对，这才是问题的核心所在。

你不反驳你的伴侣，可是他们并不会满足于此。你也不懂得拒绝那些总是把工作交给你的同事，可是他们也不会反过来帮助你。你会为了让亲朋好友高兴，而承担起对方的委托，可是他们也并不会给你带来什么好处。你会为了躲避某个人的来电而关掉电话，可是问题并不会得到解决。

这些**逃避**的行为不仅对你没有帮助，反而会给你带来负面影响：

· 让你感觉自己像是笼子里的老鼠，根本没得选择；

· 生活中一直伴随着威胁感，就好像需要从一个虚构的危险中逃离出来；

· 不再去尝试新事物，但也就失去了寻找到新策略的机会；

· 没有意识到你生命中的无数可能，而是将自己限制在少数且重复的习惯中，并认为这样可以保护自己免受超负荷的侵袭。

最直接的后果，就是有可能会导致刺激阈限降低，对于高敏感者来说，阈限不宜太高也不宜太低，而第二种模式会导致我们处于**低活跃**（under-arousal）状态。

结局呢？最后依然会进入**崩溃区**，然而这并不是超负荷所致，完全相反，恰恰是因为缺乏刺激而感觉到烦恼、孤立、悲伤、压抑和沮丧。

不巧的是高敏感者的这两种行为，第一种"**全开**"模式，第二种"**全关**"模式，无论是只运行其中一种，还是二者交替运行，都会导致同样的不适——沮丧和崩溃。高敏感者可能会优先采取第一种模式，或者偶尔为了退缩和"聊以自慰"而采取第二种模式。

如何建立高敏感者的幸福：高敏感者的发展和成长模式

能否将恶性循环转变为良性循环，即让心境平和、健康和利于个人成长，这主要取决于以下三个方面的能力：

- *中断反应*
- *带入认知*
- *预测极限*

这些都是简单却又十分重要的环节，它们能够将反复且具有破坏性的行为转变为能产生幸福的行为。

中断反应

我将这些反应包括之前在恶性循环中所描述的行为称为自主策略，值得注意的是这些都是我们在无意识中根据过去经验累积而作出的自主性选择。

作为高敏感者，我们认为在面临问题的时候竭尽所能、感知所有，甚至盲目作出预测会是一个好的解决方法。但是在这之后呢，我们很快就会面临精疲力竭甚至崩溃的情况。比如我们在周日的下午将自己关在房间里，或许这看上去是一种很好的自我保护方式，因为外出就意味着要面对一群和自己完全不同的人，而且还可能会受到非议，我们肯定不希望被人觉得自己是奇怪的。但是，就这么一个周日接着一个周日的过去，我们只会越来越糟糕。

你们是否还记得关于高敏感者的定义，高敏感者的一个特性之一就是**高反应**。从研究所有生命的生物学来说，这就意味着兴奋性。在一定的阈限内，它是活力的代名词，但如果超出这个范围，那就属于应激性。我们做出反应的时候意味着我们正在对某事进行冲动的或者无意识的回答，要注意，此刻我们做出的是无意识的反应，而不是有意识的回应。中断反应，调整这种倾向，学会忍耐，这些对于高敏感者来说，都是非常重要的"良药"。

正念疗法（Mindfulness）能够为我们实现这个目标提供非常大的帮助，这是一项调节高敏感者超负荷运转的技巧，而且其效果已得到研究证实。对此，我们将在"训练注意力"这个章节进行详细阐述。

带入认知

另外一个改变高敏感者恶性循环的要素是带入认知，即随时识别到我们的所知所感。为了阻止这种自主策略，其实并不需要将其卸载，因为存在即合理，它一定是为了达成某种目的而或多或少自愿生成的。那么强行删除就只会适得其反，因为它已经随着时间的累积而变得坚固，而且在我们制定出更健康和有效的策略之前，这仍然是抵御困难和压力的唯一工具。

这种功能失调的行为模式会导致崩溃和沮丧，为了解开这个行为链，我们需要掌握两个关键点，即**注意力和意识**。

同样，正念疗法可以提供非常大的帮助。

预测极限

最后，我们需要做的就是**在进入崩溃区之前**感知我们的忍耐极限在何处。

作为高敏感者，我们有感知细节的能力，富有同理心，并能够预知结果。那么，我们就应该将这种能力运用在**自己身**上。请拥有一些健康的自私！

了解过度反应的情况，或者相反，认知我们是否遏制了过多的刺激；首先，倾听自己和自身的需求，认识到在哪些条件下我们会感觉更好，这样能帮助我们在危险区和崩溃区之间留出更多时间，也就意味着有利于我们找到更合适的策略去解决问题并进行自我减压。

我在临床实践中发现，将精神层面的重新定位认知工作与身体层面的生物能疗法减压相结合，将会是一种非常有效的预防和获取幸福的工具。

高敏感者的发展和成长模式

掌握这三个技巧——中断反应、带入认知、预测极限——的首要目的就是扩大感知刺激（无论是内部刺激还是外部刺激）和回应之间的空间和时间。

如果不留出空隙，那么我会进行下意识的反应和自主行为，甚至会有些失控。

如果我们慢慢训练上述三方面的能力，那么就可以发现自身干预幸福区、危险区和崩溃区的可能性在增大，同时也就拥有了更多能快速且有效的修补形势的机会。

因此我们应该学会基于当下可支配的精力和能力来建立**过渡阶段**，以此来确保对形势有完全的感知，以及能评估出正确的选择。

倾听和实践阶段

当人们感觉良好的时候，就想要尽可能地维持现状，所以通常来说，他们此时并不会进行自我审视，更别说做出改变了。可是，对于高敏感者来说，我们对于幸福区也会感到"不耐烦"。那么，我们完全可以把这种特征看作一种能力：和自己保持连接，而不是把注意力浪费在外界和他人身上。在这个阶段，要学会倾听自己内心深处的声音，把平时对他人的照顾和同理心，悉数转移到自己身上。

因为在小王子的星球上，有些非常可怕的种子……这就是猴面包树的种子。在那里的泥土里，这种种子多得成灾。而一棵猴面包树苗，假如你拔得太迟，就再也无法把它清除掉。它就会盘踞整个星球。它的树根能把星球钻透，如果星球很小，而猴面包树很多，它们就把整个星球搞得支离破碎。

"这是个纪律问题，"小王子后来向我解释道，"当你早上梳洗完毕以后，必须仔细地给星球梳洗，必须规定自己按时去拔掉猴面包树苗。这种树苗小的时候与玫瑰苗差不多，一旦可以把它们区别开的时候，就要把它拔掉。"

——《小王子》，安托万·德·圣埃克苏佩里我非常喜欢其中的寓意，保持整个星球的干净。**作为一个高敏感者，在我们的内心世界，也需要每天进行正确且完整的日常卫生工作：**

- 检查情绪压力；
- 评估是否存在思想上的害虫和过度消耗；
- 斟酌身心之间的平衡；
- 倾听内在运转的节奏是在加速、减速还是平衡；
- 丢掉错误的观念；
- 清除对自己的审判；
- 监控那些在之后可能会对我们造成伤害的事情。

在**倾听和实践阶段**，正因为我们感觉良好且注意力集中，所以才能够体验到更多，并更加了解自己。随着时间的不断更替，我们会遇见更多新的事物、常规或者紧急事件，但是只要优先开放和内心交流的渠道，我们就能够时刻和自己保持联系。

倾听和保护阶段

OK，尽管你做出了保证，可是你又再次被这个或那个情况所淹没，可能一个不注意就会再次进入不适圈，但这并不意味着你做得不够好。相反，说明你正在学习测量自己的界限和能力。不过你现在的首要任务是照顾好自己。你要意识到自己已经处于危险区，你有太多的工作，已经做出太多的妥协，甚至卷入自己并不情愿的事情，承担了过多的责任，这些东西都让你烦恼透顶。

　　这个时候再来斥责自己是没有任何帮助的。不要再伤害自己了。相反，开始让一切向好的方向发展吧！停下来，深呼吸。我将这个阶段称为"倾听和保护"，因为你仍然有机会去恢复平衡，并且回到幸福区。该怎么做呢？首先，在混乱中重新和自己取得联系。这里有两项选择：

　　·给自己一点时间，寻找到一种之前完全没有实验过的工具，来面对这种充满压力的情况。

　　·给自己一点时间进行短暂的"策略性撤退"，以此来重新集中注意力，并重新激活身心能量。

　　如何选择取决于你自己，也取决于你的感知能力，去感知自己是否还有足够的精力和能力去实践其他选择。没有一种绝对的答案！有时候可能第一种更加有效，而其他时候可能第二种才是最佳方案。

　　实践！实践！实践！

　　我从未输。

　　有时我获得胜利，而其他时候我则能从中吸取经验。

——纳尔逊·曼德拉（Nelson Mandela）

恢复阶段

　　尽管我们做出了承诺，但还是走到了这一步，我们又陷入了黑暗的陷阱之中，再次进入崩溃区。精疲力竭、沮丧、失望、压抑，觉得自己很失败，一切又将从头开始。

　　但只要我们还活着，就总是有机会可以复原，并且再次寻回平衡，不是吗？除非我们不想这么做。

　　如果我们对自己的过去充满眷恋，那么将无法改变它。如果我们认为自己是软弱的、失败的、不中用的，那么最后只会顾影自怜，觉得自己是受害者，事情也会朝着糟糕的方向发展，可这并不是事实。为了能够做出改变，我们首先应该承担起对自己生活和幸福的责任。让我们撸起袖子进入恢复阶段吧。

　　复原的步骤可能有些繁琐，不过这都因人而异。在崩溃之后，有无数的方式可以进行恢复。比如从工作中给自己放一天假，在健身房中锻炼到最后的紧绷感都完全消散，然后能很快进入睡眠；去找那个对自己而言是灵丹妙药的人；练一会儿拳击；在树林中散步两个小时；趴在桌子上大哭一整个下午等，这些都是可供选择的方式，没有唯一的，也没有最好的。你只需要认真选择出能帮你脱离困境，同时还能为你充电的方法即可。

　　你可以使用本书中给出的建议。但也要记住，你是充满创造力的，你可以去尝试一些新事物。让直觉指引你，这是我们每个人乃至动物都拥有的本能。当动物受伤的时候，这种本能会驱使它们将自己隔离出群体，去舔舐伤口来帮助愈合，等感觉一切恢复的时候，再重新回归族群，并且比之前更加有活力地去奔跑、跳跃、猎食，也没有多余的害怕或者担心。

　　我一直在尝试，我总是失败。无妨。我会再次尝试，再次失败，不过却是以更好的方式失败。

——塞缪尔·贝克特（Samuel Beckett）

高敏感者幸福的良性循环

如果我们能够掌握并且有效地运用倾听和保护手段，就可以避免自身的下意识反应，以及"全开/全关"行为的反复发生，从而也就防止了自己进入崩溃区。不过就算进入崩溃区，也不用过于担心！只要我们能掌握恢复的方法，自身所受到的伤害便能得以缓和，而且注意力也会快速集中在我们的需求和界限上，最终实现更清醒和更强大的回归。

这将引领我们进入一个新的能力领域：**发展和成长区**。

在这里，我们应该学习发展出自身**恢复力**，这是一种面对困难和危机的能力，我们训练自己更加强大，实践出新的策略，意识到自身极限，并逐步将其克服。作为一个高敏感者，我们更倾向于深度反思、分析问题和内省，也正是这些特征使得我们的恢复能力呈指数型增长，因此在个人成长、自尊心重建以及自我巩固的过程中，我们的发展会随着时间的流逝而愈发快速和硕果累累。同时，无论是在我的患者，还是在我自己身上，都可以证实出一个道理：**最好的东西都是伴随着危机转化为机遇而来。**

发展和成长区是幸福区的前室，但并不属于恶性循环中的一部分，因为恶性循环中并没有新的学习而只有不断地沮丧和功能失调。如果现在我们更频繁地练习倾听阶段，那么慢慢地，我们在精神上也会变得更加强大，自身也会越来越稳固，更加容易掌握新的技能，也能够认识到自身敏感性的界限，并能在危机之后进行快速修复。发展和成长区，在我看来类似于维果茨基（lev Semenovich Vygotsky）在研究儿童学习时所提出的最近发展区。

最近发展区不是指那些已经成熟的功能，而是指正在成熟中的功能，它们将在之后成熟，可目前仍处于萌芽阶段。在我们体内，敏感性始终是较为不成熟、稚嫩和脆弱的一部分，哪怕成年之后亦是如此；因此，我们更应该像对待孩子那样去照顾并且关注它。多年来的经验告诉我这便是对待自我发展最好的态度。进入发展和成长区也就意味着即将回到幸福区，只不过是以不同的方式，可能是在学习到一些关于敏感性的新知识后，在实践出了新的边界后，或者哪怕是在膝盖蹭破皮后。但是我们要知道，跌倒是学会保持平衡的唯一途径。

现在一起来练习吧！

▼

倾听和实践阶段

在这个阶段最重要的是观察、注意和预防。用这种方式来训练自己可以让我们在之后面临突发情况时，能做到更加充分的准备。

·要学会不仅在紧急情况中关心自己，哪怕当你觉得没有必要的时候，也要照顾自己的身体和过度活跃的注意力。

·在你的日常生活中，要有规律地进行本书中提及的练习。

·参考在章节"区分形势、思想、感觉和情绪"中的所有练习。

·每天进行正念疗法（参考章节"训练注意力"）：10-15分钟就足够了。

·每天做点运动来释放压力。

·晚上在日记中记录下白天的感受，特别是：

今天我的身体感觉……

我今天的主要情绪是……

我是否有担忧？这个担忧是什么？

对于自己来说，哪些情况是需要得到更多关注和照顾的？

·把自己想象成自己的伴侣或者最好的朋友，然后把所有的注意力都留给她/他。你会时常给对方打电话进行问候，不是吗？花五分钟，在安静的环境中和自己对话，并倾听你身体给出的答案。如果对方是你的伴侣，那么你一定还会额外关心对吧，你会给对方发送很多短信，然后说你爱他。那么，现在走到镜子面前看着自己：说出同样充满爱的话语，即便你觉得这样很傻。

·如果你将要面临新事物或者一个充满压力的境况，那么提前做好准备，并在这前后进行放松。

倾听和保护阶段的练习

·或许你有一段时间没有进行过"个人内在卫生"，从而导致自己进入危险区。那么快速重启吧：降低压力，清理，减负！

·运用本书中所有能让你感觉更好的建议。

·实践所有你认为有用的策略，并不断进行打磨，将它们变得更加适合自己，如此就可以减轻身体上的压力，并放松紧绷的神经。

·参考章节"区分形势、思想、感觉和情绪"中的所有练习。

·适当进行正念疗法（参考章节"训练注意力"）。

·做生物能疗法训练（参考章节"身体减压"）。

·以能力者为模型。

"模仿（modeling）"是班杜拉（Banduranel）在1969年创造的术语。在社会心理学中，它用于定义一种非常有效的学习模式，其原理是对一个楷模进行观察，然后模仿对方的行为。举个例子，乔布斯在交流沟通方面是一个强者，特别是他的动机性交流能力非常出色，所以我们将乔布斯作为一个观察对象，然后对他的演讲进行深度的研究学习，从而掌握其中的技巧，甚至在有的大学中，还会专门成立类似的课程。将某人作为模型，这并不是指一味地复制，而是将其作为灵感的来源。他可以是一个我们认识并且尊重的人，也可以是在某个领域享有盛誉而且我们也非常欣赏的人，哪怕我们私底下根本不认识。这二者中，以后者为模型往往会有更大的帮助。因为我们在以某个人为模型时，体内某些潜在的能力会得到激活，而这些能力正是我们想要学习的内容。问问自己：

· 如果是X面临那个让我倍感压力的情况，他会怎样处理？

· 为了让自己能更有效地被同事听见，他会说些什么？

· 为了走出这种困境，他会采取怎样的行动？

· 他会做些什么来让自己感觉更好？

了解那些让你陷入危机的情况，然后和其他高敏感者以及正常敏感者进行对比，去客观地观察他们所采取的策略，注意不要带着同理心，也不要急着去反驳，而是注意去提取其中有用的信息。你当然也可以寻求帮助和进行委托，这都不会让你因此而变得不讨喜或者更糟糕，同样，也不会因此而被解雇或抛弃。记住，你是一个人，你并不能做到所有你想要做的事情。

复原阶段的练习

我有一本很喜欢的书，其书名极富含义，仿佛就像在暗示那些崩溃之后的高敏感者，嘿，伙计，你需要来一碗《心灵鸡汤》（杰克·坎菲尔、马克·汉森创作）。它可以帮你恢复身心能量，回到自己最本真的样子。寻找到属于你的那碗热汤，并在任何你需要的时候进行滋补。

· 照顾自己，就像看到一个正在学习骑自行车的孩子在大马路上当着他朋友们的面摔了一个大跟头。将对这个场景所产生的所有敏感和同理心都用在自己身上。

· 现在不要进行合理化，也不要试图弄清哪里出了问题或者去想当初应该怎样规避。现在还不是时候，因为之后你将有专门的时间（在发展和成长区的时候）去做这些事情。此时你要做的就是去休息。

· 每天进行正念疗法（参考章节"训练注意力"）。

· 只和让自己感觉良好的人待在一起，但不要将自己孤立起来。

· 对你的职责（工作、家庭的照顾）进行严格的时间限制吧。

· 考虑到你的优先需求。

· 拥有"健康的自私"，你得明白精力是有限的，要用在自己身上。

· 自身以最小的速率运转。

· 创造一个单词或者一种表达，通过它们将你的感觉解释给身边的人，这是一种属于你们的暗号或口令，只需要一句话，对方就能明白你的意思，然后知道该如何同你相处或者如何帮助你。比如，我的一位患者只要对他的妻子说"我在自己的洞穴中"，他的妻子就会明白他想要独处一会儿的意愿，同时她也不用太过担心。还有一位患者会说"我在自己的世界中待一会儿"，那么这个时候，他的家人就不会再去打扰他。

所以，选择一个属于自己的表达方式吧，不要低估它们的价值，这是非常神奇的：能够增强复原的空间。去探索吧，去了解更多，这样会帮助你之后的生活中变得更加轻松。

区分形势、思想、感觉和情绪

认识感觉

　　加强对感觉的认知，我们能在倾听和实践、倾听和保护、复原这三个阶段收获更多，通过练习，还能够帮助我们更多地停留在幸福区以及提升在失去平衡之后的恢复能力。

　　很多时候造成自身不适的其实并非环境本身，而是我们对其作出的反应或者解读。

　　我们高敏感者能够敏感地感知到很多信息，我们首先应该训练自己去认识并区分它们的来源。现在，我们先来进行一项粗略但是有用的分类：

　　·**形势**：来自外部世界的信息，并且是不可控的；

　　·**思想、感觉、情绪**：主要（但不全是）来自内部世界，并且其部分是可控的。

　　第一种筛选方式是将现实作为判断标准，对我们无法决定的（环境）和仍有可干预空间的（思想、情绪、感觉）部分进行区分。

作为高敏感者，其实有很多问题都是来源于自身，比如我们喜欢沉浸在深度思考之中，去追寻事情为什么如此发展，而不是以另一种方式，或者试图干预形势，但最后发现都是徒劳，只能白白浪费自己的精力，可倘若这些精力使用得当，那会取得更好的结果。如果你稍加注意，就会知道以下例子经常发生在高敏感者身上：

环境/情景	高敏感者的自主模式
周围充斥着噪声和混乱	压抑、慌乱、孤立、躲避或者逃离
讨论正在如火如荼地进行	躁动、困惑、抑制或者冲动
伴侣在周六的晚上和朋友出去了	封闭、孤立、沉思

根据我的经验，为了能够将现实与我们的情绪、感觉和思想区分开来，可以向自己提一些特定的问题，来帮助我们解决混乱的局面，并厘清繁琐的思绪：

认知形势	认识感觉	认识情绪	认识思想
在这种环境中发生了什么？	我的身体有怎样的感觉？	我感觉到了什么？现在心情如何？	我的大脑此刻在想些什么？正在得出怎样的结论？

如果你学会了有技巧地思考这些问题，那么随着时间的累积，将对现实产生更客观的了解。同时，通过对自己心情的认识和记录，还能提高以正确的方式回应事物的能力。

你正在将自己的认知带入行为中，并且正在减少下意识地反应。

你正在避免于无意识中跌落崩溃区，并且由于能很好地运用倾听阶段，所以你对于自身的高敏感性也有了更好的控制和管理。你的效率、自尊心和整体幸福感都将得到提升。

现在将之前的环境结合这些问题来看吧：

环境	感觉	情绪	思想
周围充斥着噪声和混乱	感觉到心跳加速，喉咙紧绷，呼吸急促，耳鸣……	焦虑、不适、害怕、害羞……	我不能离开，否则别人该怎么看我？我应该假装很享受其中。为什么别人感觉良好，而我不行呢？我总是这样……一定是我哪里出了问题……
讨论正在如火如荼地进行	感觉到胸部和颌骨紧绷，心跳加速，出汗……	害怕、愤怒、焦虑、沮丧……	现在我怎样才能出去呢？我的大脑已经不工作了……我什么都说不出来……我只想消失……
伴侣在周六的晚上和朋友出去了	冷，想哭，感觉到肌肉紧绷……	伤心、生气、沮丧……	他应该和我待在一起……这是不是就表明我根本不重要……为什么他不懂我需要亲密感呢？我都为了他而牺牲了自己的晚上……

认识并区分思想、感觉和情绪，这能让你不至于手足无措，而且可以在不同的情况下采取合适的策略，并帮助自己走出危险区。

————　现在一起来练习吧！　————

▼

认识感觉

· 闭上眼睛，这样更容易感知到身体所发出的信号。

· 将五感作为首要的感官地图：视觉、听觉、嗅觉、味觉、触觉，哪些是令你愉悦的，哪些是令你不悦的？

· 从头到脚进行一次检查，想象一束光线从下往上对你的身体进行扫描，在每个部位进行停留并感受它的感觉，无论是什么，都无须去判断或者拒绝。

· 在某些地方，你可能什么都感觉不到，那么只需要去感觉那些存在的即可，这些都是信息。

· 根据一些准则：

愉悦—悲痛；

开—关；

轻—重；

冷—热；

放松—紧绷；

满—空；

愉悦—烦躁。

· 这些问题可能对你有所帮助：

腿部的感觉如何？

肚子的感觉如何？

呼吸状态如何？

肩膀的感觉如何？

......

当更多地进行练习的时候，这些身体语言的可读性和简单性就会提高，你也就能意识到一些感觉其实会在特定的环境中反复发生。

· 在没有过度刺激的环境中进行练习：当你放松或者感觉愉悦的时候，就可以开始锻炼自己去倾听身体的语言，这样才能使你的注意力慢慢习惯去认知感觉，这样，在面对紧张和充满压力的情况时，你才能做足准备。

·**注意**：要记住，过去的经验也会影响我们对感觉的感知。因此，要学会区分你当下的不适是因为正在发生的事情，还是因为过去类似的糟糕经历。这看上去很难识别，但是只要通过不断的练习，一切就会变得简单起来。

区分情绪

想要进行情绪的区分，有一个非常有用的判断规则。格林伯格（Greenberg）和帕代斯基（Padesky）提出，情绪是可以通过**一句描述性的术语**来进行识别的，如果你用了超过一个词的话语来描述情绪，那么其实你很有可能是在描述一个想法。我们常说"我感觉"，实际上是在说"我认为"：

高敏感者：我觉得自己永远无法像其他人一样过着幸福的生活……

治疗师：您认为您永远不会拥有一个幸福的生活。那么这个想法会给您带来怎样的情绪？

高敏感者（短暂的沉默后）：我觉得很绝望。

训练自己只用六种主要的情绪来表达自己的感受：**喜悦，悲伤，愤怒，害怕，惊喜和厌恶**。在一开始，这种极度简化的表述对你非常有帮助，就相当于一个简单而直接的指南针，能够帮助你快速了解到自身的感觉，并找出一种最原始的基本情绪。之后随着你不断地练习，你的表述自然而然就会更加丰富，并定义出更为复杂的情绪，比如忧郁、内疚、无聊、羞愧等。如果有必要，还可以了解一些市面上的很多专门讲解情商和情绪理解的书籍。

让自己从中受到启发，并且阅读他人。你也可以在章节"高敏感者的情绪"中找到一些建议。

识别思想

将思想从情绪和感觉中区分出来，就有点像是做清洗工作或者削水果皮，所有的练习都是为了更轻松地识别出自己的思想。

通常来说，作为高敏感者，你会对自己甚至对这个世界有一系列消极的想法，以及一些功能失调或者弱化自我的观念。

我们经常会讲述一个关于自己的故事，这个故事能够为我们的失败辩护：我很软弱，我被误解，我害羞，我做不到。只要我们相信了这个故事，之后就再也无法将其重写为一个新的并且更好的故事。

同时，我们总是在无意识中希望能够有人来照顾我们，并理解我们的感知方式和不适。

但是，亲爱的朋友，这在我们很小的时候当然是一个很合理的需求，而且父母或多或少都能对我们进行有效地照顾。然而现在我们已经成年，拥有无限的可能性、自由和工具来照顾自己，来满足自己的需求。这当然不意味着我们是孤单的或者被抛弃的，相反，这说明我们承担起了让自己生活幸福的责任。

我经常会对患者讲述一个例子，或许有些荒谬，但却十分有效：如果你头疼，那么我替你服下止疼药完全没有任何意义。你不能指望我来让你的不舒服消失。我可以建议你服下止疼药，也可以帮你去买，甚至还可以留下来陪着你，直到你的疼痛好转。但头疼自始至终都是你的问题，那么自然也应该由你去照顾自己。

记住这三个规则……

· 中断反应

· 将认知带入行为中

· 预测极限

问问自己……

· 此刻我大脑里在想什么？

· 我是否急于得出结论？

· 我在做概括吗？

· 我是处于当下还是在重复过去发生的事情？

· 我照顾到自己的敏感性了吗？

· 我竭尽全力去照顾自己了吗？

训练自己……

· 进行替换性解释（也可能是……或许事情实际上是以另一种形式……）。

· 做出中立的评估。

· 如果缺少信息，那么就要学会提问，而不是急着得出结论，或者做出无根据的推理。（你没有给我回电话，为什么？）

· 不要过于绝对（总是，所有，决不，什么也没有）。

· 不要一概而论（其他人，所有人，通常）。

· 不要抱怨。

· 拒绝戏剧化。

· 简化。

环境/情景	对想法的替换性、中立性和有效性举例
周围充斥着噪声和混乱	由于我无法减少噪音，所以现在要评估是否应该继续待在这里，要么我出去一会儿来让自己重新恢复注意力，要么给大家打声招呼，然后回家。
讨论正在如火如荼地进行	我感觉到体内的不适正在增长。这个讨论有超越自我界限的危险。我正在一点点失去清醒。现在最好告诉对话者换个时间再谈论这个话题。
伴侣在周六的晚上和朋友出去了	他可能只是需要拥有属于自己的时间。而且关于他不在乎我了这个结论，目前并没有事实依据。但是我能告诉他的是，我会怀念周六。

根据形势采取行动

区分感觉、思想和情绪能够让你更好地管理感知，不至于手足无措，因此也能避免跌入崩溃区。但是这项练习还有第二个目标：采取适当的行动来让自己感觉更好。只有我们意识到自身需求之后，才能够有效地对外部环境进行干预，产生哪怕很小但是却有用的变化。要怎么做呢？学会经常问自己以下问题：

为了让自己放松下来，此刻我能够做什么，哪些是在自己的能力范围内的？

现在我们来看个例子，一位患者在超负荷的情况下，进行了对形势、感觉、情绪和思想的感知，一起来看看他前后的状态比对吧。

之前：

高敏感者：办公室的开放空间会让我感到非常烦躁……那里的人声、电话声以及不间歇的脚步声此起彼伏。我的大脑要花上三倍的精力才能集中注意力，并且需要更多的时间来完成工作。

之后：

高敏感者：我将那句话像咒语一样重复问自己：为了让自己放松下来，此刻我能够做什么，其中哪些是在自己的能力范围之内的？在进行了一些尝试之后，我找到了自己的解决办法，每当这时候我只需要在电脑上工作，而不必去前台，于是我带上耳塞过滤掉大部分噪音，但是仍然可以听到自己手机的电话铃，能分辨是否有人在对我讲话。这个方法大大减轻了我的焦虑，并能够使我更加安静地工作。

这样，即便在关键的时刻，我们所采取的也是**行动**，而不是反应；是**选择**，而不是被动接受。

环境	感觉	情绪	思想
在这种环境中发生了什么？	我的身体有怎样的感觉？	我感觉到了什么？现在心情如何？（一个词）	我的大脑此刻在想些什么？产生可替换的、中立的以及有效的想法。

·如果周边环境的噪音让你觉得不知所措（感觉），那么在精神上责备自己并没有任何帮助（想法）。

·如果你现在很生气（情绪），那么就不会有想要去玩填字游戏（想法）。

·如果你现在需要解决一个经济问题（想法），那么和朋友出去喝几个小时的酒并不会让你感觉更好（感觉+情绪）。

·如果你现在很担心（想法和情绪），那么狂吃甜食或者醉酒都是没有用的。

在训练自己能够进行区分之后，现在你可以学会对每个需求作出正确的回应，然后在自己周围慢慢创建出最适合于你的环境。

如果你的不适来源于感觉，可采取以下措施：

·物理屏蔽/保护（比如我们在之前例子中提到的耳塞）。

·精神屏蔽/保护：使用章节"同理心和界限"中所提到的技巧，或者如果你喜欢的话，可以在自己周围想象出一个保护泡泡，那是一个看不见但却可以过滤你所有不想要的东西的泡泡。

·如果可以，就让这种感觉结束（举个例子，如果你因为饥饿而分心，那么就去吃点东西）。

·对这种感觉进行限制、减弱或者调整。

·远离，在别处待上几分钟。

·如果你现在什么都不能做，那么就去感觉是否还有可容忍的空间，直到你可以做些别的事情为止。

如果你的不适来源于情绪，可采取以下措施：

·识别它。

·为它贴上标签，起一个名字。

· 在你内心深处，对这种情绪进行文字表述。

· 如果有条件的话，那么也对外界、对相关之人或者对你信赖之人进行表达。

· 如果这种情绪是令人不悦的，不要尝试着去拒绝它，而是给出空间去包容它（深呼吸几分钟会对你有所帮助）。

· 不要夸大其词：在不将自己淹没的情况下，可以去试着感受这种情绪。

· 让改变发生，你要记住情绪是流动的、易变的，它能够在短短几个小时之内就快速发生改变。

· 感知自己能否做些什么来化解它，但不要试图进行删除或者否认。

如果你的不适来源于一个想法或者信念，可采取以下措施：

· 采取之前提到的所有技巧来识别干扰我们的想法或者信念。

· 从其他角度来进行假设。

· 寻求他人的建议。

· 如果觉得有用的话，向外寻求帮助。

· 找到新的资源和工具，如果没有的话，就去学习。

· 尝试放手：顺其自然，就这样吧。

· 尝试对自己宽容。

· 使用下一章节所表述的策略。

训练注意力

　　训练自己的注意力，把时间花在看清事物的本质上，而不要受困于过去的所思、所惧和所期。我们就能在生活中保持更大的身心平衡。并最终学会对事物作出回应，而不是下意识的反应，那么在压力之下，我们就可以与生活的复杂性建立起一种不同以往且更加平和的关系。

——格拉尔多·阿曼德一（Gherardo Amadei）

正念疗法

　　很难通过短短几行字就将正念（Mindfulness）解释清楚。因此在本书中，我只挑选出了对高敏感者有帮助并且也是十分重要的一部分：训练注意力。

　　我想借用一位大师的话来进行阐述，可惜的是他于2016年就已辞世。"我们拥有出色的注意力，它属于我们，但好像又不受控于我们，就好像学校里的一个天才儿童缺乏训练和纪律。""正念疗法"中所涉及的冥想法其实在几个世纪前就已存在，只不过如今才从科学的角度证实它对人体的大脑和身体有帮助。为了训练注意力，并对自身的内在情况有所认知，我们可以一起来探讨冥想疗法，如果感兴趣的话，还可以聊聊神经科学技术。为什么要从此论起呢？

因为对于高敏感者来说，**正念疗法能够有效地减轻许多由过度兴奋引起的症状**，而且这点已经得以证实。

注意力对于我们高敏感者来说，是一个特殊且重要的存在。注意力可以看作是一种肌肉：一次只专注于一件事情，不仅事情本身能得以更高效地完成，而且还能提升自己。相反，一心多用和注意力的分散只会削弱我们的力量，并导致神经上的过度兴奋。

如果我们想要学习集中和训练注意力，那么正念疗法就是主要的工具，同时也能让我们的高敏感性更加有价值。

正念疗法还有一个好处就是当我们处于危险区和崩溃区的时候，能够减轻压抑和紧张等症状。

2010年，一项研究中使用了正念疗法来为高敏感者减少压力和社会焦虑，并增强其自我接受度和自尊心，调节同理心，帮助个人成长。

结果引起了一时轰动：在经过八周的练习之后，无论是通过问卷调查还是检测仪形式的调查，所有受试者都表现出**压力和焦虑明显减缓，并且幸福感和自我效能有所提升**。改善效果从一般到非常重要不等，而且这个结果能够一直保持到练习结束一个月以后。

其实很多的冥想技术都能起到治疗的作用。在阿伦的一些文章中，也曾多次提到超觉静坐。对于每个人而言，其实并没有唯一绝对的方法。最重要的是，任何有意愿进行尝试的人，都要以自身的感觉为引导，并选择最适合自己的方式。

我从20岁的时候开始练习冥想，并且实践了不同的方式和技巧，练习过超觉静坐、曼特拉冥想、禅、内观冥想、步行冥想和正念。根据我的经验，无论从个人还是专业的角度出发，正念疗法的效果都是最好的。

卡巴金（Jon Kabat-Zinn）是一名荣誉医学博士，也是正念减压诊所的创始人，他还将正念疗法整合至医学、保健与社会之中，在历经了多年的研究之后，他提出了一套基于正念的减压疗法MSBR（Mindfulness Based Stress Reduction），能够有效地应对压力、焦虑以及下列不同情况和不适的症状。

有哪些好处？

如果持续练习正念疗法，那么就能够减少：

· 精神压力；

· 焦虑；

· 害怕和恐惧；

· 入睡困难；

· 沮丧；

· 愤怒；

· 沉思倾向；

· 分心；

· 认知混乱；

· 逃避行为。

除此之外：

· 提高生活质量；

·更能够集中注意力；

·提高对内在状态的认知；

·减少下意识反应；

·调节同理心；

·产生自我凝聚力；

·引起宽恕和同情的能力。

正是因为这些原因，这么多年以来，无论是在课堂上还是工作室中，甚至是在线课堂乃至我的个人生活中，我都会将正念疗法作为辅助工具来使用。

它需要我们坐下来，保持静止，注意力集中在一个具体的对象上，比如呼吸，我们会意识到所有的内在状态，甚至是当我们分心时的想法。这就是全部吗？是的。

如果你认为这是一个藏族僧侣的习惯，那么你就错了。它其实是关于神经物理学的练习，它以一种更加平衡的思维和反应模式来锻炼大脑。尽管正念的意义远不止如此。

训练包括意识到思维总是活跃在别处，并且能在它每次跳动的时候将其捕捉。我们的注意力会持续地分心然后被发现，分心、被发现，如此循环，最后再次把它带回到呼吸上，长此以往，我们的注意力将会得到巩固，而且头脑也会变得更加平静。

之后会给大家介绍一项简单的练习，如果你愿意的话，可以进行尝试；如果你好奇的话，就去学习、阅读并实践。

对于我们高敏感者来说，这是一个非常特别的技巧。

当身体保持静止的时候，同时**头脑也慢慢冷静下来**。这对于我们是有好处的。

训练将注意力保持在呼吸上，就意味着每当我们因日常生活中的无数刺激而分心并且不断消耗精力的时候，能够学会引导、集中和抓住注意力。

当我们选择坐下来练习正念疗法的时候，就已经是一种**非反应**行为，这证明我们不想要再对刺激作出反应，而是想要进行有意识的回应，并决定相信自己。随着练习时间的不断累积，我们还能够学会更加**克制自己**、**保持冷静**以及**自我保护**。这些也都是我们所需要的。

慈的练习

花苞蕴含着万物，哪怕它尚未开花结果，因为所有的一切都是由内绽放；即使有的时候，需要让事物忆起自己的美好，将一只手放在花的顶端，用手势和言语再次表述它的美丽，直到它们带着自我祝福，再次由内绽放。

——高尔韦·金内尔（Galway Kinnell）

这里还有另外一种关于正念疗法的技巧，在我进行了实践之后，其效果让人惊叹。即慈心观（Metta），或者慈的练习，它是基于用一些积极和祝福的话来对自己进行引导。

这个练习其实起源于佛教传统，但是在正念中，我们舍弃了其中的宗教成分，该练习能对大脑造成积极的影响，这使得慈成为正念减压疗法中不可或缺的部分。

对自己使用一些充满爱和鼓励的话语：

· 在每一次危险中，我都能安全无虞。

· 我能够很幸福。

· 我能够拥有良好的健康状态。

· 我能够安逸地生活。

这是一种令人心安的简单。在某次冥想的过程中，我第一次实践了这种方法，最后让我非常的感动，以至于忍不住哭了出来。那是为了我身体中所有被苛待、批评、审视和拒绝的部分而流下的一种温柔、共情和怜惜的眼泪。

莎朗·莎兹伯格（Sharon Salzberg）是一名将慈心观传播到西方的学者，她曾阐述道，一开始在重复这些句子的时候会觉得自己非常愚蠢，因为她也无法相信其真实性，甚至觉得过于矫揉造作。但当时老师告诉她要坚持，于是哪怕她没有搞明白其中的意义，还是继续了下去。在几个月之后，莎兹伯格终于感受到了其成果。有一天，她意外打碎了一件自己非常宝贝的珍品。然而此时，内心有一个很温柔的声音在说"没关系，不重要"。她才意识到，自己并没有像往常一样批判和责备自己说"你真蠢！你看看你干得什么事！你总是这样！不断地制造灾难。"这次，什么都没有发生。她已经学会了带着爱和同理心去接纳自己，哪怕是面对自身最糟糕的部分。

这个练习带给我们的好处非常多，除了上述所言，我们还能够学会不带偏见和期待地去感受新的体验。

可能在你刚开始对自己说出这些充满祝福的句子时会觉得有些恼怒或者烦躁，因为那是与平日里的苛责完全相背的话语。没关系，给自己一点时间。最重要的是要进行有意识的发音或思考，把它们印刻在脑海中，而不是像背单词那样随意或毫无章法。

　　练习通常是由四个句子一组，但是强烈建议你要有创意，修改自己的句子，找到那些能触及你并且听上去更顺耳的话。唯一的要求就是以"我能够"作为开头，而且当读出来的时候，要感觉像是在对自己说话。

- 我能够很安全，并且被保护。
- 我能够很幸福。
- 我能够拥有好的健康状态。
- 我能够很安逸地生活。
- 我能够摆脱恐惧。
- 我能够欣赏自己的敏感性。
- 我能够接纳自己本来的样子。
- 我能够记得随时保持友好。
- 我能够爱自己本来的样子。
- 我能够……

　　你富有创造力，请跟随你的直觉。

　　当你选择好属于自己的句子后（我建议最多4-5句），就开始练习吧，不断地在心里重复或者低语，以相同的顺序进行几次。

　　当你决定开始的时候，就设一个闹钟吧，对初学者而言，5分钟就足够了。在练习的时候要注意自己的气息，你可以在每个句子结束之后，进行一次深呼吸。总而言之，找到属于自己的方式。

　　让这个练习来指引你吧。不用过多地期待，只需要每天花几分钟，从中学习宽容对待自己，并由衷地祝福自己就可以了。

完整的慈心观练习可以帮助并指引更多的人：我们自己；贵人，即对我们有所帮助之人；与贵人有所不同的亲密之人；中立之人和执拗之人。

过去的传统总是在教导我们不能自私，所以大家在一开始练习的时候总是习惯以"我们"为开头，但事实却完全相反：为自己送上祝福其实并非易事，因为相较于他人，我们总是对自己更为严格。所以如果能够做到对自己宽容和共情，那么对待他人时自然也会如此。因此当我们开始练习的时候，要先学会将祝福送给自己。

对于我们高敏感者而言，慈心观的练习对思维重塑也非常有帮助，因为我们中的大部分人总是感觉自己是异类，是奇怪或者扭曲的，是软弱或者易碎的，他们对待自己的方式并不友好，甚至批判自己、责备自己或者强迫自己做出改变。同时神经科学证明，这种练习方式能够锻造我们的大脑和思维。学会对自己说一些充满祝福、爱和赞赏的话语吧，长此以往，便能够对性格和神经学产生一种深层次的改变。在它的帮助下，我们能够：

· 在希望得到别人的善意和关注之前，学会友善地对待自己；

· 学会仁慈地对待自己，并为自己送上最好的祝福，从而对大脑进行深层次的重塑；

· 学会将自己看作是那些值得幸福之人；

· 将平时用在他人身上的同理心，悉数投射回自己身上。

除此之外，慈心观是一种非常奇妙的高敏感性练习，因为它能让我们快速感知到平和与完整，就像给了自己一个安心的拥抱。

———————　　　　**现在一起来练习吧！**　　　　———————

▼

接下来的这些练习要在不被打扰的环境中进行，保持绝对的安静，而且也无须任何音乐形式上的辅助。

正念疗法中的呼吸练习

这是正念疗法中一个非常简短的练习。你可以反复阅读，学习其中重要的段落，然后让直觉引领你进行实践。或者阅读的同时进行录音，将你的声音作为向导，然后跟着录音来练习。记住声音要柔和且放松，每读完一句话就稍作停顿。正念和所有事物一样，都需要一定的时间和练习才能看到成果。刚开始的时候，每天5分钟就够了，然后可以慢慢增加至每天20或30分钟。

选择一个不会被打扰的地方，找到一个舒服的位置，坐在座椅或者地上都可以，开始冥想吧，确保自己能够感受到自身的存在，注意不要躺着，否则可能会睡过去，并且不要驼背，挺直身子。如果你坐在椅子上，那么要保证双脚搁在地上，并且互相平行，如果你坐在坐垫上，那么要保证盆骨处高于膝盖，以便促进血液循环。你还可以选择闭上眼睛，这样更能够将注意力集中在体内，不要去管背景声音，将注意力带回你的身体，去感受所有身体上的接触，包括和椅子、坐垫、地板，放松肩膀，"关闭"耳朵，双手放在膝盖或者大腿上。

　　将注意力集中在身体的感觉上，只需要注意存在的东西，无须强加干预，也不要试图改变，你可以注意身体某些部位的温度，或许在某些地方有点发麻，或许没有，你可以注意当下的情绪状态如何，只需要去观察，不需要去引导，也花点时间去注意现在的思维状态，此时此刻，激动？困惑？安静？担心？无精打采？它可以是任何形式的，现在将注意力放在呼吸上，注意力就像是一束光，现在照在你的呼吸上，观察形成呼吸的过程，每时每刻，观察过后你将会意识到是身体中的哪个部分清楚地感知到了呼吸，或许在腹部……没关系，都可以。

　　注意，伴随着空气的进出，肚子鼓起和回收，记住，不要思考腹部的变化，而是去感觉，感受它在每次吸气和呼气时的状态，或者你的胸腔对于呼吸有更明显的感知，都可以，有意识地进行每次吸气，使胸廓胀起，然后微微抬高肩膀。再将注意力放在呼气上，将胸腔的气放出；或者，用你的鼻子对空气的进出感受，这些都可以。当空气进入鼻孔的时候，能够意识到新鲜空气的感觉，当从鼻孔呼气的时候，气息将变得温热，一旦你注意到哪个区域对于呼吸有更明显的感受，那么就将注意力集中在那里，就像一束光，尝试去感知呼吸，就现在，此时此刻，随时。

　　观察体内是否存在不平静，或者很难保持静止，尝试对正在进行的体验敞开心胸，大胆放开自己，即使你思想上很抗拒这个练习，也都是正常的；思想是流动的，从一个想法到另一个想法，从一个念头到另一个念头，如果你的注意力在不断分散，其实也是正常的。正念正是如此，每当你意识到自己的注意力从呼吸转移到一个想法上时，停下来，友好地，并且足够坚定地将注意力重新带回到呼吸上，很简

单。当吸气的时候，你就感觉正在吸气，呼气的时候，你就感觉正在
呼气，这就是全部，不需要再想其他的，每当注意力跟着情绪、想
法、声音走的时候，回到呼吸上，一次又一次，在呼吸上停留一定的
时间，呼吸就像是一个锚，你可以回到上面，因为呼吸始终是存在于
当下的，它总是和你在一起，你可以对呼吸充满信任，它会教你去接
受并且放手，教你停留，带着注意力，此刻，之后，花一点时间待在
安静之中，感知吸气，感知呼气。

（保持沉默1~2分钟）

注意你现在的思维在何处……

温柔地将你的注意力带回到呼吸上……

（停留1~2分钟）

在闹钟响的时候，活动身体，缓慢地舒展，并重新睁开眼睛。

关于慈心观的练习

在正式开始之前，先花几分钟进行上述的呼吸练习。

选择一个不会被打扰的地方，找到一个舒服的位置，坐在座椅或
者地上都可以，开始冥想吧，确保自己能够感受到自身的存在，注意
不要躺着，否则可能会睡过去，并且不要驼背，挺直身子。如果你坐
在椅子上，那么要保证双脚搁在地上，并且互相平行，如果你坐在坐
垫上，那么要保证盆骨处高于膝盖，以便促进血液循环。你还可以选
择闭上眼睛，这样更能够将注意力集中在体内，不要去管背景声音，
将注意力带回你的身体，去感受所有身体上的接触，包括和椅子、坐
垫、地板，放松肩膀，"关闭"耳朵，双手放在膝盖或者大腿上。

将注意力集中在身体的感觉上，只需要注意存在的东西，无须强加干预，也不要试图改变，你可以注意身体某些部位的温度，或许在某些地方有点发麻，或许没有，你可以注意当下的情绪状态如何，只需要去观察，不需要去引导，也花点时间去注意现在的思维状态，此时此刻，激动？困惑？安静？担心？无精打采？它可以是任何形式的，都没关系，现在将注意力放在呼吸上，去观察呼吸形成的过程，此时此刻，吸气，呼吸，将你的注意力放在上面，就像一束光，尝试去感知每一次呼吸，就是现在，此时此刻，随时。

当你觉得一切准备就绪，就开始进行自己的练习吧，去思考，有需要的话，也可以小声念出来，并且至少重复三遍，但如果你觉得有用的话，多重复几次也是可以的。

接下来我将用自己最喜欢的句子来举例，当然你也可以随意发挥自己的创意：

· 在每一次的危险中，我都能安全无虞。
· 我能够很幸福。
· 我能够保持平和。
· 我能够拥有良好的健康状态。
· 我能够欣赏自己的敏感性。

（保持沉默1~2分钟，接受所有出现的思绪）
最后，活动身体，缓慢地舒展，并重新睁开眼睛。

身体减压

　　身体和思维的运作都是同步的：思维所想也会悉数投射在身体上，反之亦然。而健康与身体的生机息息相关。每一种精神或心理压力都会造成一种身体上的紧绷，而身体上的挛缩会导致生命力和健康的减弱。

——亚历山大·洛温（Alexander Lowen）

　　我们在本书第一部分就了解到，高敏感者和身体之间的关系是复杂的。

　　高敏感者的身体过于敏感和活跃，所以能够快速感知到心理所遭受的压迫，他们很容易崩溃，并且需要更多的时间才能恢复到健康状态。同时，高敏感者的免疫系统也是很敏感的，通常他们会将情绪上的不适躯体化，或者使身体更加孱弱。

　　有一些高敏感者会沉浸于身体的感觉中，他们始终保持警惕，并检测是否哪里出了问题，有时甚至会因为微弱的感知而恐慌不已。

　　而其他的高敏感者则做出了与前者完全不同的选择，为了避免被高敏感性压抑，他们切断了与身体的连接，并麻木自我的感觉。

不过在上述两种情况中，身体都持续处于压力之下。

紧张和疲劳感始终处于极限状态，以至于任何事情都有可能发展成压垮骆驼的最后一根稻草，直接把我们带入崩溃区。

生物能疗法能够对高敏感者进行有效的帮助：

· 避免崩溃；

· 缓解过度紧张的情绪；

· 做好高敏感性的日常维护工作；

· 信任自己的身体；

· 学习解码我们的感觉；

· 提升对于内在状态的感知；

· 让敏感性成为一种强大且有效的工具。

生物能疗法的练习

我经常会在课堂上使用一个比喻，想象一下，把每个压力都看作一辆造成城市街道拥堵的汽车。停在路中间的汽车会阻碍正常的交通，慢慢地，会对整个城市都造成影响。如果你能够将汽车开走，交通秩序就能得以恢复。同理，我们身体内部的运转规律也是如此。

每次我们觉得有压力的时候，都会在无意识中产生肌肉阻滞，从而阻碍了能量、血液和呼吸的正常工作，不仅是对相关区域，而是对身体每个部分都有不同程度的影响，结果就是导致我们与身体甚至与自身情绪分离，因为身体和思维都是同样的运转定律。

生物能疗法的目的就是帮助我们与身体所存在的紧张感取得联

系，对它们加以识别，并将其化解，进而从身体和情绪的紧绷中解放出来，同时还能疏解长期以来形成的慢性阻滞，最终帮助我们获得长期的健康。

当然，柔和的运动或者瑜伽都非常适合高敏感者。不过生物能疗法是一种神经身体技巧，能够帮助我们认知身体上的情绪，并慢慢从心理上达到一种健康的状态。生物能疗法是我的"工具箱"中不可或缺的一种练习。

敏感和根深蒂固

我们都知道陷入崩溃区之后会发生什么：焦虑、深思、情绪低落、身体不适，直到演变出更严重的表现，比如恐慌、虚幻和分离感。慢慢地，我们会感觉到迷失，随波逐流，感觉大地在我们的脚下崩塌。

生物能疗法可以锻炼我们扎根（Grounding）的能力，即训练我们变得强大，能够很好地扎根于现实，有弹性，知道如何去面对挑战、危机和创伤，使自己变得更加稳定。我们也可以将之称为"脚踏实地"，这种能力不仅是精神上的，也是身体上的，并且能够通过训练习得。总之，身体是一种能够直达我们内心的工具，能让我们在生活中变得更加强大。

敏感和振动

量子物理学表明，凡是有生命特征的生物，都会发出振动。

生物能疗法的每一种训练，都依据收缩和扩张的循环而成，是一种自然能循环。在收缩的阶段，正在工作的肌肉会受到很小的外力作用，不会过度劳损，可以看作一种顺势疗法：将自愿张力叠加在之前所存在的非自愿压力上，身体被刺激从而作出反应，使得肌肉阻滞和情绪障碍得以释放。

能量的释放和减压可以通过以下方式来进行：

· 由人类身体内部自然产生的微小振动，它也是生命体所固有的生命信号；
· 哭泣；
· 笑；
· 情绪；
· 热量；
· 深呼吸；
· 轻盈感；
· 提升总能量；
· 令人愉悦的幸福感和轻松感。

深呼吸

当我们处于压力或者过度兴奋的时候，会感觉到腹部、胸腔或者喉咙处的收缩，并且无法顺畅地呼吸。

呼吸就像是一次次的起伏，开始于骨盆深处，然后向上流动直到嘴巴，同时内腔进行扩张，使得更多的空气进入体内。

恢复自发和完整状态的呼吸，能够激活自主神经系统的副交感神经模式，重新平衡生物体的植物神经系统，而且从各个层面来说，都是非常有益的。

在身体上：

· 补充氧气，保证所有器官和组织的正常血液循环；

· 平衡心律和呼吸节律；

· 脉搏更为平缓；

· 促进消化；

· 促进荷尔蒙的适当分泌；

· 调节压力；

· 促进肌肉放松。

在精神上：

· 保持头脑冷静，抑制深思倾向；

· 减少焦虑；

· 改善夜间休息质量；

· 提高抗压能力。

重新信任你的感觉

通过生物能疗法我们会学习到：

· 信任我们的身体，以及它所发出来的指示；

· 发挥和利用我们特殊的敏感性；

· 在进入危险区之前，能够接受并意识到身体向我们发出的警惕或者不适的信号；

· 当我们接近极限的时候，能够释放出身体的压力；

· 在压力之后，能够更加快速地回到平衡状态，这样就能减少进入危险区或者崩溃区的次数。

　　慢慢地，随着对这个练习越来越熟门熟路，我们将会见证身心能量的增长，无论是质量还是活力方面，甚至在面对压力状况的时候，我们也将拥有更大的能力。

　　随着时间的累积，效果也会越来越明显，越来越稳固：

- ·增强身体的稳固性；
- ·增强身体的意识；
- ·舒缓神经；
- ·提升处理问题的能力；
- ·改善休息；
- ·增加整体的活力；
- ·提升放松能力

　　对于我而言，生物能疗法不仅是一种有效的工具，它在我生命中非常困难的时刻也起到了极为重要的作用。我在30岁左右患了场重病，也是从那个时候起，我开始意识到自身敏感性并不是一项弱点，而是某种强大的力量。

　　起初这个练习对我的帮助非常大，于是我在康复之后又对此进行了长时间的学习，并致力于将它作为一种能量介绍给更多的人。

　　在整个治疗过程中，我每天都很期待生物能疗法的环节，因为在这段时间里面，我可以停下来什么都不做，只需要倾听自己内心的声音，做自己就足够了。

当身体在移动、呼吸和振动的时候，我都感觉自己不是孤单的存在，相反我的内心十分坚韧，它支撑着我、引导着我，而且我也比想象中的自己更加强大。我重新与自己的敏感性和善念取得了联系，这也是每个人所不可获取的部分。

我经常在这个过程中感觉到强烈的情绪：它们很少是糟糕的，更常见的是感动，或者是因为挛缩而流泪，同时会感觉到隔膜的疏通或者骨盆的张开。

在练习结束之后，我都会产生一种新的感觉。每一次我都要比之前更加了解自己，并且更加放松，或者觉得如释重负。如果我很疲惫，我会觉得这是在充电。如果我开始感觉压抑，那么总是能从中得以重生。

这不是魔法，这是身体用于找回平衡的智慧。

生物能疗法作为一种有价值的工具，能够阐述出我们身体的智慧和高敏感性，同时在必要的时候，还能帮助我们把它们找回来。

这个练习不仅在我的身上得以实践，而且作为一个心理治疗师，我也能在患者身上见证到它的神奇功效。

现在一起来练习吧！

▼

基础姿势

站立，双腿之间保持平行，与胯同宽，膝盖微微弯曲，眼睛向下看不到脚尖。注意膝盖不要向内弯曲呈X形：在脚外侧施加压力，使膝盖保持平行。骨盆稍稍向后，就像是靠在高脚凳上那样。腹部放松。手臂顺着身体的方向，肩膀放松。脊柱保持直立，但不要僵硬。颈椎呈自然水平状态。头部直立，就像头顶上被一根线提着。眼睛放松，可以选择闭上，或者固定在前方地面的某个点。颌骨放松，嘴唇略微张开。从嘴巴自发性呼吸。重心位于整个脚掌，再慢慢移动到前方的位置。开始熟悉这个姿势，它不是一个日常性动作，但却十分有用。保持这个姿势，进行几次呼吸，有意识地去感知身体，并且感受身体所产生的感觉。

腿部的扎根

这个练习最好是在早上进行，或者在白天需要对敏感系统进行减压和充电的时候进行。根据你自己身体的可能性进行调节，如果感觉到不适或者疼痛，就停下来。

先保持在基础姿势。集中注意力，有意识地进行几次呼吸。

以这个姿势为基点，开始进行腿部的充电和放电。

从嘴巴吸气时，双腿微微弯曲，向下移动。呼气时，脚向地板发力，然后慢慢回到基础姿势。

下降时，胸部和肩膀不要向前探。

身体上升的时候，是由双脚推动地板来发力，而不是从骨盆处发力。注意不要封锁住膝盖的活动。

你可以睁开眼睛，然后眼神固定在一个点上，或者选择闭上眼睛，都可以。

如果你做过一些运动，并且熟悉锻炼的话，那么你将会注意到过程中腿部会出现微微的颤抖。这是一件好事！现在开始练习吧，记住：吸气的时候，下蹲；呼气的时候，双脚推地发力，起身。由呼吸来决定次数，下蹲的时候进行一次吸气，起身的时候进行一次呼气。持续几分钟，然后观察身体的变化。

你可能会感觉到双腿以及身体其他部位的自然颤抖：不用害怕，这都是正常的现象。

然后回到基础姿势，闭上眼睛，倾听一会儿内心的声音。

· 身体有哪些感觉？

· 你注意到了什么？

· 体温是否有发生变化？

· 你感觉如何？

· 扎根和与地面接触的感觉如何？

· 正念练习的情况如何？

· 呼吸怎么样？

· 被哪种情绪所主导？

向前弯曲的扎根

最好是在一天结束的时候进行练习，能够为敏感的身体进行减压，并释放多余的紧张。还有一个功效就是，能够立即缓解腰椎间盘的压力。根据你自己身体的可能性进行调整，如果感觉到不适或者疼痛，就停下来。

先保持在基础姿势。集中注意力，有意识地进行几次呼吸。

从这个姿势开始，头部向前弯曲，使下巴朝向胸部的位置。自然呼吸，身体慢慢向前倾斜，并且随着头部的重量，肩膀和手臂也向下垂。慢慢地，头部向前向下，将脊椎向下舒展；慢慢地，感觉到椎骨一个接着一个；慢慢地，进行有意识地移动：一切都自然发生，不要用力。重力会将头部和手臂引向地板的方向，并将背部舒展开来。

膝盖一直保持微曲状态：不要伸直。并保持双腿之间的平行，不要呈交叉状。如果可以的话，将手指放在地板上，但不要用力靠在上面。身体的重量保持在腿上。脚对地板微微施力，不要坐在骨盆上。保持颈椎的柔软，让头部跟随着重力下垂。

在这个姿势上停留一会儿，具体的时间可以根据自身感觉来决定。用嘴巴或者鼻子来呼吸都可以。你甚至还可以想象从脊柱呼吸，为你的椎骨输氧，使它们能够得到滋养和放松。

你越是信赖双腿，你越是能感受到细微的颤抖，在这个姿势能得到更多的愉悦。给自己一点时间进行实践。当你想要起身的时候，这里有几个步骤需要执行。

首先，慢慢地进行移动，同时做深呼吸。

如果你之前选择了闭眼，那么现在睁开。

稍微弯曲膝盖，将骨盆处接近地面，好像给了它一个推力。然后双脚用力推地板：通过此动作，给身体力量，慢慢回到直立的状态。

头部一直保持下垂朝向胸部的方向，然后放松。注意不要收缩脖子。

接下来，恢复双腿直立（但不要紧绷）；然后是盆骨，腰部，整个背部，肩膀，最后是头部回到直立状态。如果你仍想闭上眼睛感受一会儿，那么就恢复至基础姿势，不要过度屈膝。

意识到这个训练所带来的所有在肌肉、呼吸甚至情绪和思想上的微小变化。

· 身体有哪些感觉?

· 你注意到了什么?

· 体温是否有发生变化?

· 你感觉如何?

· 扎根和与地面接触的感觉如何?

· 正念练习的情况如何?

· 呼吸怎么样?

· 被哪种情绪所主导?

娱乐和创造

对于我们而言，娱乐消遣可能不是关乎"做什么事情"，而是"少做"或者"什么都不做"。娱乐对于高敏感者来说就意味着做自己。

口令：减压和轻盈

我非常喜欢"**减压**"这个词，它能够很好地代表我们高敏感者的娱乐方式：被压力所侵袭，感觉到紧绷、僵硬和寒冷。而减压就意味着停止这种状态，并且进行舒展、放松和软化，变得温暖和轻松。

由此，关于高敏感者娱乐的第二个要素就是**轻盈**。可以想象成一种很轻的东西，能够在空中起伏、飞舞，有呼吸、有幅度，并能够平稳地进行移动，去到任何想去的地方。卡尔维诺（Calvino）曾经说，放松不是一件流于表面的事情，而是拥有一颗轻盈的心。我认为这个富含诗意的定义也非常符合高敏感者的生活方式。

我们需要明确：对于高敏感者来说，娱乐中始终需要保证质量和意义的存在。肤浅的事物，毫无意义的闲谈和陈词滥调只会让我们更加烦躁。为了娱乐，我们需要拥有一颗轻盈的心。为了能够真正地打心底里笑出来，高敏感者必须要先学会自信，感觉自己在正确的位置，是被接受和被看见的。

我们需要感觉到自己的完整性，并且不去质疑自己。所以，其实我们也能够成为"乐团指挥官"，晚会的组织者，扮演上百角色的戏剧演员，拥有足够的创造力去提出全新的活动，因为我们懂得讽刺的智慧，但同时不会伤害到别人，我们对别人富有同理心，知道他人的喜好，并能用我们自己的方式让在场的所有人都参与其中，创造出一种和谐且欢乐的氛围。

因此，对相处对象进行有意识地选择，能使我们收获更多乐趣。选择同样敏感的人，因为和他们在一起会得到理解；选择那些欣赏我们的人；选择陌生人或者刚认识不久的人，因为不熟悉，所以不会被贴上标签，我们便可以做自己。

随着时间的累积，无论是在患者身上，还是就我个人而言，我都发现这些是高敏感者获取乐趣的必要因素。我们必须停止强迫自己"成为他人"，要学会去判断那些在别人眼中是娱乐消遣的东西，是否会变成我们压力的来源。在这里，我根据自身经验以及高敏感者在我工作室内外实践的阐述，总结出一份活动清单，这份清单当然不是决定性的，不过或多或少能够帮助高敏感者进行减压和放松。

·听音乐。

·演奏乐器。

·听一场音乐会（先评估环境的影响）。

·看电影（调性与我们保持一致）。

- 和宠物相处。
- 阅读。
- 写日记。
- 去餐厅，尝试新的菜色。
- 选择有音乐的地方进行交谈。
- 悉心照顾一些植物或蔬菜。
- 学会用双手创造：画画、雕塑、剪纸、木工等。
- 做饭。
- 根据本书上一节的建议进行运动。
- 和孩子相处。
- 和其他高敏感者相处。
- 购物，但是要控制在短时间内，独自一人，或者和一个亲近之人。
- 整理房间或者家。
- 做些轻松的家务，但要有规律（不是换季大清扫那种）。
- 散步。
- 冥想。
- 每天进行身体上的锻炼（生物能疗法、瑜伽等）。
- 时常给自己做一些小礼物，或者构建一些小巧思。
- 在闲暇时光学习一些新东西或者参加一些课程。
- 跳舞。
- 泡温泉。
- 按摩。
- 和大自然相处（海、山、湖……是什么没有那么重要）。
- 拍照。

・照顾自己的身体。

・进行个人成长的课程。

・参观展馆或者博物馆。

・参加会议或者研讨会。

・和亲密的朋友相处。

・和伴侣相处。

・性行为。

・去戏剧院或者电影院。

・你想的话，可以去小酒馆和俱乐部，并且能自己决定什么时候想要离开。

・翻阅有趣且轻松的杂志。

・玩纸牌，国际象棋，桌游。

・在当地市场进行购物，因为相较于大型商场，那里的声音和气味更加自然。

・放声歌唱……

创造力的重要性

创造力是一种存在和感知的方式，它和敏感性以及爱的能力有深层次联系。

——卡尔拉·萨雷·穆西奥（Carla Sale Musio）

多项研究证明了创造力和高敏感性有非常紧密的联系。它们都包含了多层次的处理、快速思考、多向思维以及对大脑右半球的不断激活，也正是这些能力让创造力成为了高敏感者保持健康所不可或缺的因素。

我在这里谈到的创造力，是指任何形式上的创造，任何一个从简单到复杂，从未经修饰到精细雕琢的过程，以及任何一个之前从未出现过的事物。

绘画、雕塑、木工、陶土，或者任何其他材料，写作、演奏乐器、表演、唱歌、跳舞、做饭、摄影、珠宝制作、缝纫、刺绣、编织、装饰、种菜，或者栽种植物……创造力就像是一条河，它可以沿着唯一的方向流动，也可以不断产生分支。甚至可能在生命中的不同阶段采用不同的河口。

就个人而言，我之前花了很长时间才弄明白我自己需要不同的表达渠道。

在幼儿园的年末表演中，他们总是会给我安排最有挑战性的角色，边唱边跳。我记得有一次我在同一出剧目中扮演了多个角色。这当然会让我感觉到焦虑，甚至引起肚子痛，但我同时也记得在舞台上那种奇妙的感觉以及最纯粹的幸福。多年来，我都在不同的乐队担任主唱，有时合唱，有时又成了独唱。尽管取得了不错的成绩，但我总是一个不怎么信任自己的人。

大约在8岁的时候，我开始写作，那些诗歌和故事一直被我保存在盒子里。终于在我37岁的时候，它们才变成了一本真正的书。然后我在写作上的创作灵感开始停歇，于是我便去寻找另外一种表达自己的方式。

多年来，我一直在家中购置用于绘画的白色画布，尽管我有强烈的欲望，但是却一直没有勇气去用它们。我总觉得自己会搞砸，将画布弄脏，顾虑重重。直到后来一位画家朋友告诉我："没有什么对错，你不要害怕，拿起画笔，尽管去做吧。"作为一个高敏感者，我的完美主义倾向一直在阻挡自己，直到听得画家朋友的劝告我才得以释放。开心的是在开始绘画之后，我也创造出了一些有趣的东西，当然不是说要和毕加索媲美，但对我自己而言十分重要。而且我发现，在不抱有期待，或者没有明确目标的时候，最后所呈现出来的东西往往越让人惊喜：当理性思维偶尔下线，那么创造力也就得以充分地发挥。

当然，对于一个正常敏感者来说，这些可能都是无用的。

但对于高敏感者而言，却恰恰相反，我们必须找到一个创造性的排气阀来释放自己的想法。因此，在这样的一个空间中，我们不需要像往常那样约束自己，我们有足够的自由来进行表达。不需要结果，不需要评价，只是为了纯粹的喜欢和乐趣。

对我而言，这里还包括具有**创造性和趣味性的志愿者活动**：用创造力来为别人谋取福利。对于高敏感者来说，还有比这更美妙的事情吗？

总之，创造力是一种能够为所有活动产生能量的马达，同时我们还能体验到效能感和喜悦感。

灵性

人们总是要去给自己的生活赋予意义，并且在宇宙之中找到自己的位置。

——荣格

人类是一种灵性生物。精神和健康存在着一定的联系。

——罗温

　　不仅仅是上述两位伟大的作者，所有造就自我知识体系的大师对灵性都秉持着一种开放性态度。我并不认为这只是一个巧合。

　　对于荣格而言，我们所有人都是通过一个矩阵联系起来的，然而大家都没有意识到这点，所以他呼吁我们重新去发现这种深层次的连接。

　　对于罗温而言，如果丧失了生活的意义，失去了和自然、动物以及其他人的联系，那么就会造成一系列严重的现代疾病。

　　字典中对灵性的定义是"一种特殊的**敏感性**，并且与精神价值有着深层次的联系"，以及"将生活方式和精神体验与宗教生活形式，以及哲学和文学等方面连接起来"。

　　人类渴望那些能超越自身的东西，并且想要找到自我存在的意义。人类应该有信仰。正如之前定义中所说，它无论是一种宗教信仰，还是一种将人类联系在一起的共同信念，又或者是一种超越生活的感觉，这都不重要。

　　我们高敏感者能够意识到这种要求，而且我们每个人都用自己的方式来感受这种需求。

　　我在天主教的文化背景中长大，天主教所构建出的关系和价值结构都深深地影响着我。但是我知道这远远不够。所以我又学习了其他的文化，去更多的地方旅游，实验了不同类型的精神研究。

　　如今我感觉自己的精神生活成为敏感性的基础部分。

　　在我生活中所存在的深刻含义；人与人之间的深层次联系；慷慨行为之后的满足；意识到所发生在自己身上的事情，其实都是为了教会我们一些东西，并让我们得到成长：这些就是精神价值所在，哪怕偶尔踏上了未知的旅途，它们也能引导着我前行。

每个动作都可以是灵性的存在：不论是祈祷、冥想、歌唱，还是做饭、照料植物，甚至可以是工作，正如中世纪的隐士所说（祷告和劳作）。

找到你自己的灵性方式，将它看作是需要进行照顾的一部分，并充分感受你的高敏感性。

高敏感真的需要治疗吗?

亲爱的教授：

　　给您写这封信，是为了感谢您为我做的一切。我们一起度过的这段旅程真的非常重要，因为它确实改变了我的生活。最初我备受焦虑困扰，对此感到无能为力，甚至认为自己是生活中的受害者，于我而言，每天都像是背负着巨大的压力前行，所以我开始了这个疗程。然而在开始之后，我其实从未想过会发现那么多关于自己的真相。这趟旅程帮助我找到了自己，或许是重拾自己吧，总而言之，我的高敏感性有了安身之处，而且现在我能够深层次地感知和意识到自己的独特性。同时，我也能够认知并接受自己的脆弱，以及那些之前根本不相信的特质。它给了我力量和勇气，特别是让我对自己有了信心。我相信它是通往幸福的秘密。现在我再也不感到害怕，并且充满了活力！我非常高兴能够遇见您，和您共同完成了这段美好的旅程。

　　　　　　　　　　　　　　　　　　　　　真心地感谢您

　　　　　　　　　　　　　　　　　　　　　很快见，S。

　　这只是我这么多年来所收到的众多感谢信中的其中一封，我在这里带着谦恭和感激将它分享给大家，因为正是它们的存在让我觉得自己正在做着世界上最美好的工作。

　　但是对于高敏感者来说，心理治疗真的有必要吗？这其实是一个非常有意义的问题。

　　心理治疗这个词总是会让人产生误解，让人觉得是一个人心理出了什么问题，需要加以纠正和解决，或者这个人产生了非常规的心理行为，所以需要加以规范。但心理治疗并非如此。并且，高敏感性也不是一种疾病，更不是一个诊断标签。心理治疗其实意味着关心和照顾自己的心灵。

　　那么，我们的心灵会有怎样的遭遇呢？不幸的是，有很多形式。

　　当我们背叛了自己的天性，或者不能将其识别的时候，如果此时企图改变它，或者外部有某人或事物试图支配我们真实的生活方式，那么不适感就会找上门来。可能是通过不同的形式呈现出来：直接的不满、糟糕的生活、内心的不协调感或者更严重的情绪躯体化的表达，直至出现真正的心理障碍，比如焦虑、惊慌的侵袭、情绪的干扰。

　　在我的工作方式中，心理治疗是一个让我们成为真实的自己，并重新发现自己的旅程。我们可以将之称为个人成长、发展或者改变，不过这都不重要。

　　对于**高敏感者**来说，心理治疗的过程是非常有用的，它能够：

· 处理无法识别和孤立所带来的创伤；

· 增强自尊心；

· 训练识别出困扰我们的想法和削弱自身能力的信念；

· 学会控制情绪；

· 管理感觉；

· 训练在倾听阶段的能力，从而避免进入危险区；

· 建立自己的幸福区。

所有这些能力都不是可以临场发挥的，但可以通过自身努力习得。我将高敏感者要经历的这整个过程取名为：**绽放是目的**。因为敏感性就像是一朵花，它能够盛放，实现自我价值，并充分展示天性中的精致和蓬勃。

绽放就意味着完全地做自己。每当高敏感者向我求助的时候，紧接着所要进行的不仅是一次心理治疗，也是一次咨询，或者更严格地来说，是对于高敏感性的特定培训和训练过程。我们不可能通过一次通俗易懂的演讲就完事，它必须是根据个人自身情况评估而得，要识别出高敏感性对他们的生活质量产生了怎样的影响，并且影响有多大。

我当然是建议大家去咨询专业的心理治疗师，他们对高敏感性有更为专业的研究，正所谓术业有专攻，因此不要去求助那些将此作为手段的人，因为现在心理治疗已经变成了所谓的"时尚"。

如果一个好的治疗师能够真正地帮助到别人，那是因为他也有过相似的经历，更加懂得如何在这个过程中进行正确的指引，对于一个高敏感者的治疗师而言，更是如此。

阿伦也曾经解释说，在帮助高敏感者的过程中，心理治疗师自身是否为高敏感者也会造成最终效果上的区别。你们中的大多数人可能都有亲身体验，做了长期的心理治疗，甚至过程中你非常认真，但是我们的敏感性仍然没有得到应有的尊重，且最后的效果也并不理想。

对于我而言，高敏感者的工作就意味着**陪伴这些高敏感者重新回到家，并让他们适应自身真实的样子**，学习对敏感性进行日常的卫生清洁，可以避免更多的陷阱，且能充分发挥自身所有积极和特别的方面。

错误的评估

在高敏感性不被认知的年代，哪怕是在当今，如果我们向不了解它的人寻求帮助，那么很有可能是冒着被错误标签成为病理学类的风险，因为这二者时不时地会被混淆。

正如我们之前所说，阿伦博士提出的自我评估表是一个非常有用且有效率的工具，是一种专业心理和行为的测评，但是需要在该领域专家的帮助下进行。

这里列出了一些经常和高敏感性混淆的症状：

· 儿童自闭症；

· 注意力缺陷障碍；

· 情绪障碍；

· 循环性精神病；

· 广泛性焦虑症；

· 惊恐的侵袭；

· 广场恐惧症；

· 社交恐惧症；

· 强迫症；

- 创伤后应激障碍；
- 躯体化障碍；
- 人格障碍。

　　不幸的是，研究证明，如果一位高敏感者度过了一个比较困难的童年，那么在面对一些困扰的时候会更加脆弱。但是这并没有绝对的因果关系。更多的还是要取决于高敏感者成年之后所生活的环境以及自身的恢复能力，即掌握发展性策略和修补伤痕的能力。

　　同样的，几乎所有高敏感者都或多或少、或早或晚地体验过一些不适，特别是在他们没有意识到这种特性而去强迫自己适应的人生阶段中。这些症状可能是当身体快要临近崩溃状态时释放出来的压力信号。

　　最后需要记住的是，还有一种情况，那就是高敏感性和其他特定的心理障碍结合所呈现出的状态，不过这又是另外一种形式，需要更复杂和多面性的表格来确认。但是在正确的心理评估之下，也可以找到针对这种情况的帮助和支持。

高敏感者在社会中的积极作用

有一种非常有趣的假设，高敏感性只存在于少数人身上，而从社会层面来说，这种特殊性所带来的能量却能产生重大影响。

以我个人经验来说，**高敏感性在个人、集体和社会三个层面均扮演着发展性的角色。**

基于一些推测，历史上的某些重要人物身上也具备这种特性，只不过他们没有活跃在聚光灯下，比如各类大人物的神秘顾问，或者在重要领导者身旁帮助其做决策的谋士。

对于那些敏感性不强的人而言，这种特征会让他们产生危机感，因为它所连接的是完全不同的认知、情绪和关系，这对他们而言是陌生的，甚至会感到迷惑不解。所以如果一条路对于大多数人而言是舒服的，那么它就无疑是在将敏感性进行最小化，并将之视之为不合理或脆弱的存在。

因此我们需要摒弃那些错误且扭曲的观点，**敏感性**并非是软弱的代名词，我们要意识到它是另一种**力量的基础元素**，而这并非基于武力、操纵或暴力。

从个人层面而言，高敏感性不断地推动个人去面对挑战，去加强界限，去重组身份认同，去学习适应能力，因此能够帮助自身成长和自我发展。

从关系层面而言，高敏感性是对于一段关系质量的试金石，也是建立、滋养和管理关系的一个重要工具。

最后，从更广泛的层面来说，高敏感的特性是可以通过非暴力手段，为一个更加人性化和共情的社会奠定基础。

在解决问题的时候，高敏感者**多向思维**的优势就会凸显出来，特别是在复杂且精密的环境中，更是需要从战略上考虑到多重因素，同时还要顾及不同层面的逻辑关系和连接。所以在看重能力和团队氛围的背景下，高敏感者就更能成为优秀的领导者。

高敏感者身上所具备的反思、内省、分享和亲和力让他们完全可以胜任**共情型领导**的角色，他们会尊重每一位员工，并挖掘出他们身上的价值。

高敏感者非常关注**个人幸福**，他们会创造出舒适的环境，无论是在小型的家庭场所，还是大型的活动组织中。而且他们这样做不仅仅是为了自己，更多的是优先考虑到他人的需求，并构建出一个让人觉得安心、自由且富有创造性的空间。

审慎、认真考虑行为的后果以及情绪的影响，这些让高敏感者在不同的背景下都能成为**睿智的谋士**，帮他们能够杜绝多余的风险和冲动性的决策。

对情绪环境的高度关注，使高敏感者能够建立起真实、温暖、稳固和令人兴奋的人际关系。

正如我们所说，自我质疑和内省的倾向作为**改变的推进力**，无论对自己而言，还是对于所在的人际关系网而言，能够让我们在与他人相处（即使是一些执拗之人），以及面对压力时（即便是很小的事情），刺激到我们的恢复能力，即能够在每次的挑战中变得更强，并通过一些危机时刻变得更优秀。

强烈的道德感和**极度的正义感**，使得高敏感者成为一种加速器，推动社会向更加人性和互相尊重的方向发展。

高敏感者不断"沸腾"的大脑也是创意的温床，他们是具有非凡才能的艺术家、作家、诗人和音乐家，且在任何职业中都富有**创造力**，能进行大量的**创新**。

最重要的一点，对于事物深层次意义的不断追求使得高敏感者更喜欢**灵性和超然性**的存在，这也让他们成为追寻超越生命和物质存在的灵修者。

致谢

当一个人回头看的时候，他会欣赏那些伟大而杰出的导师，并由衷地感激他们对我们敏感的触及。

——荣格

本书的写作过程历经了几个月，在这个过程中，我失去了一些非常重要的东西，但同时又丰富了一些对我而言非常重要的东西。为此我非常痛苦，但心怀感激。

高敏感者不是指在生活中的每个方面都拥有高敏感性，而是其就是高敏感性本身，因为你是无法通过从日常生活、工作和关系中对这种特征进行"插入"和忍受来获得幸福和平静的，而是需要围绕这个特征来建立自己的生活，并让它成为平衡的**中心**。

我很感激敏感的力量。

我很感激自己。

这本书是这么多年来的研究和工作、实践、临床经验和现实生活、泪水、痛苦、喜悦、爱、伤口和重生的结晶，在此感谢所有在这个过程中作出贡献的人。

首先，感谢编辑和劳拉（Laura），他们是最早相信这个项目的人；感谢负责编辑的米利亚姆（Miryam），以及负责处理图像的恩里克（Enrico）。

我要感谢一路上遇到的所有人，以及那些和我一样有着敏感性的人，在和你们的相处中，我总是能认知自己，并且感觉很舒服自在。

我还要感谢所有对我不抱有敏感之心和伤害我的人，是他们教会我必须加倍努力，是他们让我有了体验和成长。

我感谢一路走来照顾我敏感性的人：我的家人，我最喜欢的叔叔（他也是高敏感者），老师，治疗师，以及那些路过我生命并且留下重要印记的人。

我要感谢阿伦博士的第一本书，当时网购还并非像如今这样方便和发达的时候，它还是从美国邮寄过来了。

我感谢那些耐心阅读完本书，并给了我重要反馈的人：是的，就是你们！

我感谢所有在心理治疗或者培训课程中求助过我的人，谢谢你们给我提供了如此重要的信息，并慷慨地允许我在本书中使用所有内容。

谢谢：因为当我看到高敏感者生活得更加平衡和安宁之后，我会非常高兴，并且觉得自己所有的努力和辛苦都是值得的，而且是有深远意义的。